打造幸福

暢銷身心科醫師作家，教你三步驟具體實現
身心健康、關係和諧、財富成功的最佳人生

樺澤紫苑 著
蔡昭儀 譯

精神科医が見つけた 3 つの幸福
最新科学から最高の人生をつくる方法

目　錄
Contents

各界推薦

　　人氣身心科醫師樺澤紫苑使用淺顯易懂的語言，從腦科學角度切入現代人的文明病，提供可執行的自癒方式，是一本有實證醫學的心靈保養工具書，身為現代人的你，應該要擁有一本！

——身心科醫師 李旻珊

　　有人誤以為，壓抑負面情緒是走向幸福的道路。事實上，負面情緒被隔絕在意識外，幸福也就離我們更遙遠了。我們可以平等地看待各種感受，它們各自有各自要告訴我們的事，充分體驗它們，就走在了幸福的路上。邀請各位朋友藉著這本書的幫助，走向幸福，並且為您深深地祝福！

——臨床心理師 洪仲清

　　幸福並非半點不由人的命運，而是完全在我們之內的一股感受，日本身心科權威樺澤紫苑醫師想透過這本書邀請讀者，從不斷向外尋找幸福的慣性中，停下來，回到內在，感受早已在裡頭等候你的幸福源泉，你，就是愛本身。

——蘇予昕心理諮商所所長、暢銷作家 蘇予昕

本書將看似抽象的神經傳導物質具象化，帶領讀者思考幸福的多種可能，搭配圖解，相信更能讓讀者第一次「自造」幸福就上手，誠摯推薦！

——臨床心理師 蘇益賢

這本書區分了各種不同感覺到幸福的路徑，加上簡明易懂的插圖，你會發現，原來幸福也可以信手拈來！

——Podcaster 海苔熊

前言　何謂「幸福」？

你渴望幸福嗎？

我想，一般人通常的回答都會是「是」吧。

那麼，你心目中的「幸福」是什麼樣子呢？怎樣的狀態才能算是「幸福」呢？

「呃……」我想大部分的人都會陷入沉思，能不假思索立刻回答的人應該占極少數吧。

在還不清楚「何謂幸福」的狀態下，我們能得到幸福嗎？不先決定「目的地」，又怎麼到得了「目的地」呢。

又或者說，先不管什樣的狀態可以算是「幸福」，當「幸福」來臨時，我們能察覺到它嗎？

你可能已經得到「幸福」但對此沒有任何感覺，也或許只是你沒發現而已。這就要看你怎麼「定義幸福」了。

考上一流高中、一流大學，進一流企業工作，就能得到幸福！

努力工作、全力以赴，就能得到幸福！

埋頭苦幹，就能得到幸福！

找到理想對象，就能有幸福美滿的婚姻！

這些全部都不是正確答案。

世俗價值觀裡頭那些教你「找到幸福的方法」，往往都是不正確的。

人不幸福的真正理由

日本人做事認真又勤勞，不是都很「努力工作」嗎？很少有人會隨便應付工作。然而，日本人的幸福度卻是世界排名第62，先進國家的最後一名。

在經濟方面，日本的GDP是世界第3，雖然已經被中國超越，也還是排名第3的經濟大國，治安好，醫療費用低廉，義務教育到中學。我們這樣努力、拚命工作，也沒有得到「幸福」，正是因為我們心中那個「得到幸福的方法」根本就是錯的。到底是哪裡出錯了呢，本書將一一告訴你。

我們那麼不理解「幸福」，強烈渴望得到幸福，卻又不知道具體該做些什麼才能得到它。結果那些「錯誤的努力」「無用的努力」，帶我們繞了一大圈，我們還是找不到「幸福」。

💜 全世界幸福度排行榜（2020）💜

排名		排名	前年度排名
第1名		芬蘭	1
第2名		丹麥	2
第3名		瑞士	6
第4名		冰島	4
第5名		挪威	3
第6名		荷蘭	5
第7名		瑞典	7
第8名		紐西蘭	8
第9名		奧地利	11
第10名		盧森堡	14
⋮			
13		英國	15
18		美國	19
61		韓國	54
62		日本	58
94		中國	93

全世界153個國家中

日本的幸福度排行第62名

主要先進國家的最後一名

摘自World Happiness Report 2020

越想得到「幸福」反而會變得越「不幸」！？ 🙌

　　筆者從事身心科醫師的經歷約30年，診治過的患者多達數千人。

　　罹患身心症的患者是非常辛苦的，他們的心靈像是活在地獄一般。所有的病患都希望「能夠回復到原來的狀態」。

當然，把病治好、回歸社會、結婚生子，都是能夠讓你獲得幸福的方法，但是在病症嚴重的狀態下，你根本無法正視、享受那些幸福，甚至是會處於完全相反的「極端不幸福的狀態」。

觀察過幾千名患者後，我不禁思考，「幸福」到底是什麼呢？

為什麼我的患者會離「幸福」越來越遠？

身心症患者，尤其是「憂鬱症」患者，很多人都是一板一眼的。對工作全心投入，加班或假日上班是家常便飯，「為公司」「為家庭」埋頭苦幹，最後落得身心俱疲、精神崩潰而發病。

許多人認為「只要努力拚命工作，就能得到幸福！」，而我則堅信「工作拚過頭，心理一定會出問題！」。

難道「工作都不要努力」「偷懶打混沒關係」嗎？當然不是。我只是說，若人生除了工作再無其他，賣命的結果只會不幸。

身心科醫師認為的「幸福」

幸福到底是什麼？怎樣才能獲得幸福？

早在2000多年前希臘哲學家、中國思想家們就開始討論

「幸福」。而最近心理學界則關注著所謂的「幸福心理學」，其中尤以美國學界的議論最為興盛。

「何謂幸福？如何才能得到幸福？」──關於這個永遠的命題，近幾年有更多科學性的研究，為我們提示「更明確的方向」。

然而，「結論」卻至今未見。如果有「得到幸福的方法」，世界上「幸福的人」應該會更多。

身為一位身心科醫師與腦科學家，我從觀察身心狀態與幸福完全相反的身心症患者，經過各種試錯，終於將我30年來探討「幸福生活」所獲得的答案集結於本書。

以最淺顯易懂的方法教大家「得到幸福」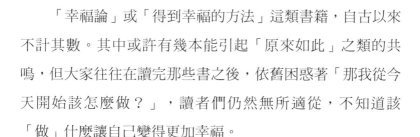

「幸福論」或「得到幸福的方法」這類書籍，自古以來不計其數。其中或許有幾本能引起「原來如此」之類的共鳴，但大家往往在讀完那些書之後，依舊困惑著「那我從今天開始該怎麼做？」，讀者們仍然無所適從，不知道該「做」什麼讓自己變得更加幸福。

相關書籍多是哲學性的討論或是觀念的闡述，能夠清楚告訴我們「今天開始這麼做，你就能得到幸福」的實用性書籍少之又少。

　　我自己打從20多歲就想「得到幸福」了，讀了許多有關幸福的書，但最後還是因為沒有得到可以「具體實踐的方法」而不了了之。

　　本書中所說的「幸福」，有別於坊間其他「討論如何獲得幸福的書」，是最貼近現實且具體的，明確告訴你該如何行動以獲得幸福的「實踐指南」。只要一一執行書中所寫的內容，我相信你一定能感覺「幸福」。

　　我曾經寫過《最高學以致用法》及《零壓力終極大全》等書，都是具體教人如何「具體實踐」的著作。不寫清楚「該怎麼做」的書，就稱不上是具有意義的實用書。

　　我有自信這本書既是「能協助人們獲得幸福的實踐指南」，也是「最淺顯易懂的幸福書」。

　　為了得到幸福，不必埋頭苦幹。身為身心科醫師，我衷心希望，實踐本書的內容，就能多增加一個幸福的日本人。

第1章 幸福其實源於「腦內荷爾蒙」的分泌！

幸福是人生的意義及目標，亦即人存在於世上的終極目的。
——亞里斯多德

💁 幸福的原形

在討論「獲得幸福的方法」之前，我們首先要為「何謂幸福」下一個定義。這道難題打從亞里斯多德、蘇格拉底的時代延續至今，一直是為人爭論的重要議題。

光是「何謂幸福」這個議題，可能就足以用到一本書的篇幅來進行討論，為此，作為一個從事腦科學研究10多年的身心科醫師，我想要探討的並非坊間那種常見的「幸福論」，而是由身心科醫學、腦科學角度出發，透過具有實用性、實踐性的方法探討幸福這個議題。

某天我突然有了個念頭，開始思考，當我們感到「幸福」時，大腦裡發生了什麼樣的反應，而具體上腦內又分泌了哪些「物質」。

有研究顯示，當我們感覺到「幸福」時，腦內會分泌多巴胺、血清素、催產素、安多酚、腎上腺素、正腎上腺素、胺基丁酸（GABA）等，100多種使人感到幸福的神經傳導

物質（荷爾蒙）。

　　與多巴胺有關的幸福感來自財富與成就的獲得，源自血清素的幸福感則使人感到放鬆、心情安穩；催產素帶來與愛有關的幸福，安多酚在我們處於極限狀態時使人歡悅，腎上腺素、正腎上腺素則會產生興奮、不安、恐懼等刺激、緊張的快感。

　　安多酚、腎上腺素、正腎上腺素是我們感受到情況急迫時，因應特殊狀況所分泌的物質，這類神經傳導素較少產生於日常的工作或家庭生活中。而多達100多種與幸福感產生相關的神經傳導物質尚未被研究透徹，故暫不在本書中進行討論。

　　讀遍有關腦內傳導素的書籍，我們大致歸納出日常生活中幸福感的主要來源──分別是「多巴胺」「血清素」與「催產素」。許多網路資料都將這三者介紹為「幸福荷爾蒙」，可謂是世界公認的三大幸福物質。

　　本書將盡可能地用淺顯的方式，以「幸福荷爾蒙」為基礎，為大家介紹一系列能夠實踐幸福的簡易方法。現在就讓我們一起來認識多巴胺、血清素及催產素這三樣「幸福荷爾蒙」。

　　在多巴胺分泌時，我們會心跳加速，產生興奮的幸福

感；血清素分泌時，則會出現清爽、安定、放鬆的幸福感；而催產素分泌時，會感受到一種與人或寵物建立連結、被愛包圍的幸福感。

在多巴胺、血清素、催產素充分分泌的狀態下，我們便能感受到「幸福」。換句話說，「大腦分泌幸福荷爾蒙的狀態」即是「幸福的狀態」。所以能促使幸福荷爾蒙活躍分泌的條件，就是「得到幸福的方法」。

因此，只要知道多巴胺、血清素、催產素各是在什麼樣的條件、狀態、行動下分泌，我們就能得到「幸福」。

❤ 與幸福相關的腦內激素／荷爾蒙 ❤

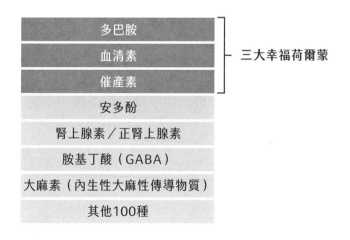

| 多巴胺 |
| 血清素 |
| 催產素 |

— 三大幸福荷爾蒙

| 安多酚 |
| 腎上腺素／正腎上腺素 |
| 胺基丁酸（GABA） |
| 大麻素（內生性大麻性傳導物質） |
| 其他100種 |

♥ 光的三原色光與三種幸福荷爾蒙 ♥

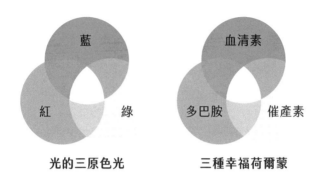

光的三原色光　　　　三種幸福荷爾蒙

幸福的三原色光

　　現在我們認識了血清素、催產素、多巴胺這三種幸福荷爾蒙，它們便成了我們思考幸福議題時的「強力武器」。

　　紅、綠、藍，是光的三原色。同樣地，我們也能以血清素、催產素、多巴胺這三種荷爾蒙，作為幸福感相對應的基本組成元素來思考。換句話說，我們可以將平時感受到的「幸福」，分為「血清素幸福」「催產素幸福」「多巴胺幸福」三類。

　　「血清素幸福」指涉與健康有關的幸福，簡言之就是身心健康帶來的幸福感；「催產素幸福」源自於友情、人際關係以及各種交流互動；「多巴胺幸福」則是透過獲得金錢、

💜 三種幸福的類別 💜

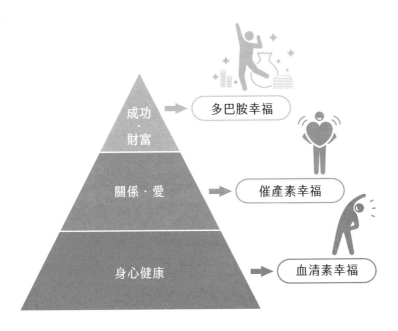

成就、財富、名譽、地位而隨之產生的幸福感。

被問及「你認為的幸福是什麼？」這個問題，我相信大部分的回答都是這三樣幸福中的其中一項。

被問到自己最幸福的時刻，我相信應該不會有人回答「坐雲霄飛車的時候」（腎上腺素幸福），或是「跑馬拉松的激動瞬間」（安多酚幸福）。

一般我們對幸福的印象，以及我們所追求、企盼獲得的感受，應該都較接近於血清素幸福、催產素幸福、多巴胺幸福這三種類型的幸福感受。

以上，我們已經認識了三項基礎的幸福感類別，接著就讓我們一一解析它們的關係排序、組合，及其所帶來的影響。

幸福有優先次序——「幸福的三層次理論」

「健康、人和、財富／成功，三者要是能夠一次擁有該有多好」，你應該也是這麼想的吧。但是，只有極少數人能夠將三種幸福全部到手。

這是為什麼呢？因為要得到這三種幸福，必須遵守「優先次序」，但大部分的人實踐的順序都不對，所以才無法全

然地獲得幸福。

　　正確的幸福獲取順序是：血清素幸福→催產素幸福→多巴胺幸福。

　　這才是正確答案。多巴胺幸福要放在最後。

　　順序不對，不要說得到幸福，很可能還會掉進不幸的深淵。我已看過無數遭遇這樣情況的人。

　　在觀察過幾千位身心症患者後，我發現這些患者都非常地認真、勤勉。如果只是感冒，他們絕不會輕易請假，而是逼著自己去上班。每天加班也不抱怨，總之就是拚命工作。即使身心失調也繼續努力，已經出現憂鬱症狀，還是繼續努力。到身心科就診，儘管醫師叮囑「已經是中度以上的憂鬱症，請在家休養兩周」，他們還是認為「這個專案沒我不行，我不能請假」。

　　這種人說好聽是「耿直」「勤勉」「努力奮鬥」「熱心工作」，說難聽是「固執」「不懂變通」「不夠柔軟」，寧願犧牲自己的健康，也要努力工作。

　　常有人遺憾地說：「怎麼弄到要自殺，把工作辭掉不就好了嗎？」得了憂鬱症還繼續工作的人，當症狀越來越惡化，判斷力都變得遲鈍時，根本想不到可以請假或辭職。

當你把「成功」看得比「健康」重要………

為什麼要拚到犧牲自己的健康呢？

多重視健康，保留充分睡眠和運動的時間，建立起堅不可破的「健康堡壘」，才有本錢好好發揮，拿出亮眼的表現，在工作上獲得肯定，成為職場上值得信賴的人。

然而我卻發現，忽略血清素幸福，一心追求多巴胺幸福的人，就容易罹患身心症。沒得到幸福，反而變得更加不幸。

我最討厭的詞就是「努力」。越拚命努力的人，越容易得身心症。我甚至還寫了《不要努力，病就會好》（頑張らなければ、病気は治る，暫譯）這本書。2015年出版的這本書，告訴大家「越努力越容易生病，越想把病治好就越不會好」「別再努力，別再執著治病，接受才能改善」。

經過6年，我的想法有一點點改變。我現在覺得，「努力」並不是百分之百不好，忽略「健康」，只顧著「努力」，才會生病。

關心健康，先得到血清素幸福，再從容努力。這樣才不會輕易生病。

這樣不僅不容易生病，也能提升大腦和體能的表現，進而得到更豐碩的成果——事業成功、財富、地位、眾人的信

賴、名譽等多巴胺幸福。

　　許多人堅信「要努力不懈」「愛拚才會贏」，可能是受了學校教育的影響，相信「努力就會成功」。犧牲睡眠努力工作，獲得公司肯定，一定能成功，所以每天熬夜，拚命加班。

　　這些人最後患上身心症，到了中年又得慢性病，甚至有人過度努力，40幾歲、50歲就猝死。努力絕對必須以健康為基盤。

　　血清素幸福在前，多巴胺幸福在後。健康（血清素幸福）優先，努力才能收穫最後的成功和財富。

當你把「成功」看得比「人和」更重要……

　　我們再看看每天加班的工作狂。夫妻、家人沒有時間一起用餐，甚至對妻子（家人）毫不關心，最後妻子要求離婚，小孩中輟或繭居，甚至走入歧途。

　　不重視家人之間的關係，只埋頭工作的人，通常沒有好下場。不管事業如何成功，最後妻離子散，怎還有幸福可言。

　　換句話說，「人和」與「成功」，必須是先有「人和」再談「成功」。忽略了「人和」「人緣」，無論再如何努

力，終究不能得到幸福。所以說催產素幸福要在前，然後才是多巴胺幸福。

「健康」才是一切的基盤

我們已經知道幸福的優先次序，接著看看「人和」與「健康」。

假設你的事業順利，與家人過著幸福快樂的生活，突然有一天被宣告罹患癌症。這樣還能說自己是最幸福的嗎？不能。唯有自己健康，才能維持「人和」。

又或者，你的孩子得了罕見疾病，每天為了這件事焦頭爛額，幸福的生活瞬間變成「不安」與「擔憂」籠罩的日子。

健康是最重要的。「自己的健康」固然重要，若沒有「家人的健康」，一樣得不到幸福。

當我建議身心症患者「不要關在家裡，應該出去與朋友喝喝茶，交流交流」，他們通常都嚴詞拒絕：「像我這個樣子，要怎麼見人呢！」

身心症患者連「跟朋友聊30分鐘」這樣基本的交流都非常困難。身心症患者就像是「即將沉沒的船，連老鼠也逃之夭夭」，過去的朋友一個也不見蹤影。

💜 「基礎」不穩者必然走向崩壞 💜

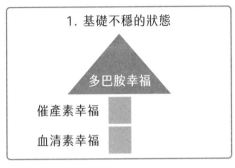

1. 基礎不穩的狀態

多巴胺幸福

催產素幸福

血清素幸福

2. 血清素幸福崩壞時

多巴胺幸福

催產素幸福

血清素幸福　　精神疾病
　　　　　　　慢性病

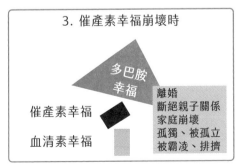

3. 催產素幸福崩壞時

多巴胺幸福

催產素幸福　　離婚
　　　　　　　斷絕親子關係
血清素幸福　　家庭崩壞
　　　　　　　孤獨、被孤立
　　　　　　　被霸凌、排擠

失去血清素幸福，催產素幸福也會連帶消失。夫妻、伴侶、親子之間的感情，朋友、夥伴之間的關係，全都需要你的「健康」做基礎。

換句話說，要先有「健康」，爾後才有「人際關係」。意即血清素在前，催產素在後。

幸福的三層理論

我們終於知道創造幸福的人生該要依循什麼樣的順序。

血清素在前，多巴胺在後；血清素在前，催產素在後；催產素在前，多巴胺在後。

歸納出的結果如同上圖所示。「血清素→催產素→多巴胺」，必須依照這個順序一層層堆疊上去。

血清素幸福與催產素幸福就像是建築時的「基礎」「地基」。「地基」不穩，就建不成高樓。據說建造高樓，要埋下數十公尺的鋼骨。只有地基穩固了，高樓才能屹立不搖。

唯有血清素與催產素幸福的「幸福基礎」堅固，才能像建造高樓那樣，再疊上多巴胺幸福。有了血清素幸福和催產素幸福為地基，就能蓋上多巴胺幸福。最後，你才能一次擁有血清素、催產素、多巴胺這三種幸福。

這就是「幸福的三層理論」。

♥ 幸福的三層理論 ♥

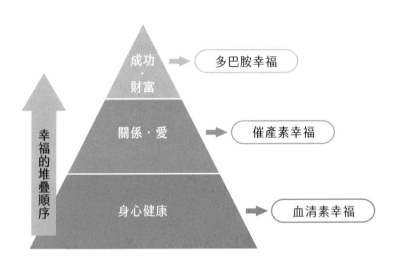

♥ 建造幸福的高樓 ♥

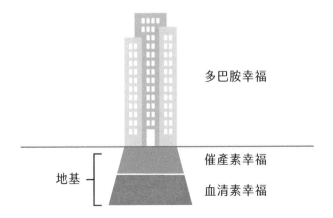

▶▶ 第1章　總結

1　「幸福」的定義，就是腦內荷爾蒙的活躍分泌

2　血清素、催產素、多巴胺即是所謂「三大幸福荷爾蒙」

3　追求幸福的順序不對就會變得不幸

4　健康（血清素幸福）是一切的基盤

5　有了血清素幸福、催產素幸福為基石，才能追求多巴胺幸福

專 欄 **當我發現了「幸福的三層次理論」**

• 美國人 5 點下班回家後都做些什麼？

由「血清素→催產素→多巴胺」的三層理論來思考幸福，這個概念是我在距今17年前、人身處於美國芝加哥時想到的。

2004年到2007年期間，我在美國芝加哥的伊利諾伊大學身心科留學，那裡有著世界著名的憂鬱症研究機構。我從事的是有關於「自殺」行為蛋白質與基因的研究。

我一直對美國人的行事風格很感興趣，在日本時總聽人說「美國人5點就準時下班」。我很好奇他們真的5點一到就下班嗎？會不會其實工時比我們想像的長？我得親眼見識見識。

到了美國，我總算親眼看到美國人的工作方式！實際上到底是怎樣？嗯，他們真的5點就下班（笑）。

5點一到，辦公室就開始躁動起來，6點之前，幾乎所有人員都下班回家了。7點過後還留在研究室的，10個人裡只剩2人，包含我。8點過後研究室所有人都走光，

一切回歸寧靜，甚至還有點陰森。

　　美國的職場千百種，我也不能一概而論，不過我所在的研究室，的確是5點一到，大家就開始準備下班，到6點，大部分的人都回去了。

　　當時我不禁感嘆：「原來美國人真的是5點下班。」

　　有一天，我問研究室的研究員兼祕書芭芭拉，一個黑人女生：

　　「你每天5點下班，都去做些什麼？」

　　芭芭拉笑著回答：

　　「你在問什麼傻話，當然是回家跟家人共進晚餐啊。」

　　她所說的就是一般美國人的「常識」，但我卻像遭到一記棒喝，大為震撼。

● 重視自己，愛惜家人，努力工作

　　在秉持著「家人」要比「工作」優先的前提下，美國人並不會因此偷懶，而是在5點之前全力以赴，完成工作。遇到工作量較大時，有些人會提早來上班。

　　5點之前是工作的時間，5點以後就要陪家人。為了與家人共進晚餐，努力認真將工作趕在5點之前完成。這

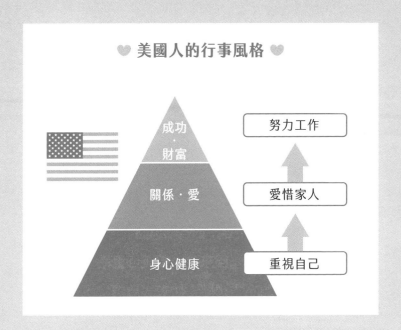

就是美國人的作風、生活。

　　大家都知道美國人崇尚「個人主義」，他們非常重視自己的想法、主張與生活方式。換句話說，他們先重視「自己」，再愛惜「家人」，然後努力工作。我實地體驗了美國人的工作方式、生活方式。

　　大家有沒有發現，這與「幸福三層論」的道理相同。沒錯，我的「幸福三層論」正是這段留學期間，與芭芭拉聊天所產生的靈感。

「首先要重視『自己』，再愛惜『家人』，然後才是努力『工作』」，這樣的生活觀真是太棒了。這個「發現」是我到美國留學的最大收穫。

• 我要推廣「幸福的生活方式」！

這個「發現」不能只是單純的「發現」。

我決心回到日本後，也要身體力行。我還要廣發資訊，推廣這種「樂在生活」的行事風格。

通常醫師出國留學回來後，都是回醫院上班或是到大學任教，但我認為「預防」勝於「治療」，回日本應該要推行「預防」活動。日本每年有3萬多人自殺身亡（當時），我要利用出版或是網路推廣，降低憾事發生的機率。

我辭去「臨床醫師」的工作，轉身致力於預防及推廣的身心科醫師，當時當然是沒有這樣的醫師，所以必須由我開始。

2007年我回到日本，成立樺澤心理學研究所，以「預防身心症的資訊推廣」為訴求，目前主要對YouTube頻道27萬訂閱者，以及Facebook、電子報等累計50多萬訂閱者，每天固定更新內容。

　　書籍方面已有33本書出版，銷售突破160萬冊。

　　在推廣不生病的生活方式／習慣、樂在生活／享受人生的方法時，我一邊摸索「得到幸福的方法」，結論還是最初的出發點，「先要重視『自己』，再愛惜『家人』，然後才是努力『工作』。」

　　我身體力行這樣的人生態度14年，出版了銷售超過60萬冊的暢銷書《最高學以致用法》，事業也稱得上成功，過得非常幸福。以我的經驗，我堅信「幸福的三層理論」正確無誤——與芭芭拉的一場對話至今15年，我將「得到幸福的方法」都總結在這本書中了。

具體想像「三種幸福」

不是因為幸福而笑，而是因為笑所以幸福。
——摘自《論幸福》（*Propos sur le Bonheur*）

血清素幸福

血清素幸福是與「健康」有關的幸福，催產素幸福是與「人和」有關的幸福，多巴胺幸福則是與「財富、成功」有關的幸福。

相信大家對此都已經有了大致的概念，但為了更深入探討「幸福的三層理論」，我們還是必須對這三種類型的幸福有「更加具體的印象」。

本章將個別針對進入這三種幸福時的狀態、感受，配合插圖詳細解說。

基本印象是「清爽」「放鬆」

所謂血清素幸福，具體而言，是什麼樣的幸福呢？一言以蔽之，就是心靈與身體健康的感覺，「身體狀態良好」「心情愉快」的狀態。一切狀態良好時，我們會感覺「心情

💜 何謂血清素幸福？ 💜

【簡易說明】心靈與身體的健康	
	身體狀態良好、心情愉快、輕鬆、開朗
	放鬆、療癒、悠閒自在
	高度專注、隨和平靜、思緒清晰
	（運動）舒爽、暢快
	（身處大自然）舒爽、暢快
	健康、沒有病痛

很好」「輕鬆」「清爽」等，「情緒」「情感」「體感」層次上的幸福都屬於血清素幸福。

　　我曾經調查100人「今天狀態是否良好」，其中有60%回覆為「是」。換句話說，大約60%的人感覺自己「狀態良好」，生活舒適，卻也有高達40%的人「狀態不好」「身體不舒服」「差強人意」，總之就是說不上好的狀態。這表示他們的血清素幸福出了問題，還需要改善。

　　當血清素分泌時，實際上會是什麼感覺呢？

　　舉例言之，比如清晨散步時腦中出現：「啊，天空好藍、好漂亮，好舒服呀！整個人都開朗起來，心情真好！」之類的念想，或是接著冒出的「今天也要好好加油」、工作欲望湧現的心情，這種感覺就是血清素分泌的狀態。

　　在森林中散步也會促進血清素分泌。「清新」「療癒」「放鬆」「放空」「悠閒」「（因放鬆而）安心、舒適」，其中「療癒」是很重要的關鍵字。

　　另一個能促使血清素分泌的狀態，是「冥想」。據說僧人在禪坐時，血清素的分泌特別旺盛。換句話說，就是專心致志、平靜隨和、精神充實的狀態，思考和知覺都會變得特別清晰。

　　我們再看看運動後的「清爽感」與「暢快感」。運動可分泌血清素、多巴胺、腎上腺素等各種腦內物質，「通體舒

暢」也是一種處於血清素幸福狀態下會出現的感受，所以儘管運動也會分泌多巴胺，我還是將它所帶來的感受歸類在血清素幸福。

說到這裡，相信讀者們對於血清素幸福的認識應該足夠充分了。如果早上出門覺得「藍天好美！」，或是清晨散步時有「清新舒暢」的感覺，那麼你就是在充滿血清素幸福的狀態裡了。

「痛苦」或「身體不舒服」時一定要懷疑的事

現在我們知道血清素分泌時，會出現「清爽舒適」的感覺。那麼，相反地，血清素低落時，會出現什麼樣的感覺呢？

我希望大家能記住血清素幸福不足時，身體出現危機的「紅燈」信號。

憂鬱症狀的出現正是血清素低落的典型狀態。此時血清素會下降。心情灰暗、意志消沉、憂鬱，對什麼事都提不起勁、不想見任何人、了無生趣。像是「已經走到世界盡頭」，甚至感覺再活下去也沒什麼意思。

血清素低落時，對情緒的控制覺察也會變得遲鈍，因此焦躁、易怒、情緒一觸即發。

🩶 失去血清素幸福時 🩶

【簡易說明】生病、身體不舒服
痛苦、辛酸、沮喪、提不起勁
情緒不穩、失控、不安、焦躁、易怒、情緒一觸即發
體力變差、不舒服、身體疼痛、無力
 專注力低落、心不在焉、工作表現差
生病
了無生趣、想死

當血清素再往下降時，人會變得「衝動」，簡單來說就是變得「容易憤怒」。如果「想死」的念頭與「衝動」重疊，就會導致「自殺」。

「不安」與血清素低落也有關聯，因此，對恐慌症患者投以提升血清素的藥「選擇性血清素回收抑制劑」（SSRI）可以有效改善。血清素升高便能抑制不安；血清素下降，就會開始恐慌，無法擺脫負面思考。

曬太陽可以促進血清素的分泌。血清素也是與「精神」「元氣」有關的腦內傳導素。血清素低落時的症狀有「沒睡飽」「上午精神恍惚」「起不了床」「上午狀況不佳」等。

更嚴重時甚至會出現無法上班、不能上學的狀態，這即是「憂鬱症」的典型症狀之一。

必不可缺的「大腦總指揮」

憂鬱症的成因除了血清素的缺乏，也包含了腎上腺素的低落（與個體的專注及欲望有關）。血清素具有調整、控制腎上腺素、多巴胺等其他腦內傳導素的功能，所以也被稱為「大腦總指揮」。

若能活化血清素，腎上腺素稍有下降時，血清素也會自動促使其增加分泌。相反的，血清素若下降，就無法控制其

他腦內神經傳導物質，腎上腺素也會跟著下降。

腎上腺素與專注力有關，低落時精神就會不集中。「工作錯誤百出」「將背包忘在電車上」，經常犯錯的人，就是處於血清素、腎上腺素低落的「腦疲勞」狀態，很有可能是潛在的憂鬱症預備軍。

另外，血清素也關係著「痛覺」的控管。血清素越高，就越能抑制「疼痛」；血清素低落，比較容易感覺「疼痛」，所以提升血清素的抗憂鬱藥也有「鎮痛效果」。

血清素低落時，「腰痛」「膝蓋痛」「頭痛」，總之就是「哪裡都痛」，其實這些都是因為「對疼痛、辛苦耐受力弱化」導致。

憂鬱症初期通常有「肩頸痠痛」「倦怠」「全身無力」等，各種身體不適的現象。

我認為，內科的疾病，舉凡「身體的某處疼痛」「不舒服」「倦怠」，或是身體老化引起的「腰痛」「膝蓋痛」，都可視為「健康受損的狀態」，也就是「失去血清素幸福的狀態」。

希望能在失去之前察覺——
以為「理所當然」其實是「身在福中不知福」

　　可能會有人認為「早上起床，心情舒爽」稱不上是一件特別的事。看起來好像「理所當然」的小事，事實上卻是我們生活中「無可取代的幸福」。

　　早晨一如往常地起床後準備上班；一如往常地有食欲，吃得下飯；去到廁所，自然地尿尿大便；自己可以起身，自己可以走路，也沒有哪裡特別疼痛。

　　都是稀鬆平常的事，應該沒有人會對這些狀態心存感激吧。但是，萬一生病，這些日常中有一樣變得無法自理時，那就是地獄般的痛苦了。

　　身心病患「人生的最大目的」就是「回到生病以前的狀態」。

　　有些人花了好幾年，終於回到健康狀態，但也有些人甚至連「減緩」都達不到。或是雖然症狀減緩了，但仍然無法回歸社會或工作崗位。心理疾病不一定治得好，看病、治療好幾年，真的非常辛苦。「健康」是「無可取代的幸福」這件事，多半都是失去健康後才懂得彌足珍貴。

　　不僅是身心症患者，身體的疾病也是一樣，當被宣告得到癌症那一刻，才意識到過去健康又普通的生活是何等幸

福。

　　失去後才懂得感恩的「健康的幸福」，也就是血清素幸福。

　　趁著現在健康，事先預防，比起生了病才想方設法恢復健康，要輕鬆十倍，甚至百倍。

　　必須不斷累積「努力」才能得到的，是多巴胺幸福。

　　但年輕人大多身體健康，不用「努力」就能得到血清素幸福。

　　其實，「預防」「生活習慣」是需要努力的，否則就會不知不覺失去血清素幸福。

　　儘管如此，大家卻不懂得感謝這些日常，繼續過著「睡眠不足」「運動不足」這種不健康的生活。

　　我希望大家讀到這裡，能夠注意到看似理所當然的「健康」，並開始為維持這份幸福，培養健康的生活習慣，預防疾病。

「被信賴的人」所具備的特質

　　一個總是焦躁、易怒，凡事找麻煩的人，你會想跟他做朋友嗎？一定避之唯恐不及吧。

　　稍有不如意就暴怒、大發雷霆的上司，你想在他手下工

作嗎？一定是躲得遠遠的吧。

　　血清素偏低的人，就會出現情緒不穩定，焦慮、易怒、暴躁的狀態。這樣的人，無論是戀愛、朋友，甚至在職場的人際關係都有所影響。血清素下降，就會拖累催產素幸福。

　　相反的，精神安定，凡事冷靜以對，即使遇到危機，也能以平常心應付，「這樣的上司才會受人信賴」。心靈的安定，可以感染他人，穩重氣質的人，就不會令周圍緊張，反而讓人感覺很放鬆。

　　擁有血清素幸福，受到他人信賴，無論私生活或職場，都有圓融的人際關係。

　　血清素幸福是地基，在這上面堆疊安定的人際關係，就是累積催產素幸福。

　　前面也提過血清素會控制腎上腺素，對「專注力」有很大的影響。血清素、腎上腺素一旦下降，專注力跟著低落，無法集中精神，失誤也會增加。這樣的狀態使得工作的生產力大幅降低，受到上司責怪，表現也很難獲得肯定吧。

　　幸福的根基就是血清素幸福。有了血清素幸福，心靈和身體狀態都安定，才能連帶得到催產素幸福及多巴胺幸福。「幸福的三層構造」最下層，只能是血清素幸福。

🧍 催產素幸福

接下來我們要聚焦「人和」的幸福，也就是催產素幸福。

「人和」從廣義來說，就是所有與他人交流、聯繫時所產生的幸福。

獨處時感覺「好舒服」「好清爽」「狀態很好」，那是血清素幸福。

而與某人在一起時感到「愉快」「開心」「安寧」，就是催產素幸福。催產素幸福必須要有一個交流互動的對象。

夫妻關係，情侶、男朋友、女朋友的戀愛關係，親子、手足間的家人關係、因友情連結的朋友關係，還有興趣社團或體育活動的同伴。

與他人維繫安定的人際關係而產生的正向情感、正向喜悅，都是催產素幸福。

所以說，人際關係和社交與催產素幸福息息相關。

感覺被療癒時，會出現的具體情緒是被催產素幸福治癒，而感受到「安心」「安寧」「療癒」「從容放鬆」「充實」等情緒。

跟朋友聊天很愉快，與戀人在一起很開心，可以出去約會很高興，想到對方就覺得很幸福，親吻、牽手、擁抱、性

💜 催產素幸福 💜

【簡易説明】	「人和」的幸福 來自與他人交流、聯繫的幸福
	夫妻關係、相依相偎、肌膚接觸、安心感、幸福感
	親子關係、相依相偎、肌膚接觸、安心感、幸福感
	戀愛關係、相依相偎、肌膚接觸、親吻、擁抱、性交
	與朋友、夥伴相處的愉悦、團結感、信賴感、安心感
	溝通、社交的樂趣、療癒、笑容
	社群歸屬的安心感
	與寵物嬉戲、療癒、安心感

🩶 失去催產素幸福時 🩶

【簡單一句話】孤獨、孤立	
	寂寞、不能結婚、沒有伴侶、沒有朋友
	社交障礙、難過、疏離感、職場霸凌、受到排擠、欺凌
	孤獨、孤立無援、求助無門

行為等肢體接觸的幸福。

在親子關係，陪孩子嬉戲很開心，或者孩子只是跟媽媽在一起就很愉快，抱著嬰兒就感覺幸福，嬰兒也很享受被媽媽抱著的幸福感。

還有參加社團，與夥伴交流很愉快，在團體中很安心，有歸屬感，自己的笑容感染對方，與團體交流得到療癒。

閒話家常很開心，與同伴在一起很愉快，一群人談天說地，在日常隨處可見。還有與動物、寵物在一起的「療癒感」也是。

日常生活中到處充滿著催產素幸福，但很多人都沒有注意到。

「孤獨」「孤立」也會破壞身體的健康

相反的，失去催產素幸福，會是什麼狀態呢？

最典型的狀態是「孤獨」「孤立」。沒有伴侶、沒有朋友、不能結婚、沒有可以傾訴的人。總是獨來獨往，最後造成「寂寞」「不滿」「不快樂」「疏離感」。

或者有些人雖然不孤獨，但是人際關係不好，也會形成很大的壓力。在職場人緣不好、與上司關係不佳、在職場上被嫌棄、無法融入群體。

夫妻關係失和也屬於這種狀態。對話很少、總是錯過對方、經常吵架、外遇、瀕臨離婚……

我們的壓力很多是來自「人際關係」。「人際關係的壓力」讓大腦疲勞，甚至導致憂鬱症等心理疾病。失去催產素幸福，血清素幸福也會跟著消失。

催產素幸福能促進工作效率！

職場壓力有90%來自「人際關係」。也就是說，比起

「工作不適合自己」「工作不順利」，更多人是因為「人際關係」而承受著壓力。

在公司與上司關係不好，遭到同事刻意針對，光是這些壓力就足以導致憂鬱症。如果有同伴出手相助，上司適時給予各種建議、關心，即使只是一點支持，都能讓職場變成舒適的工作環境。沒有催產素幸福的職場，根本連專心工作都很困難。

舉例來說，有許多人「因為職場人際關係不好想辭職」。職場原本是「工作」的場所，上班工作領取薪水、受到肯定、升職、加薪……理應是自我實現的地方，也就是實現多巴胺幸福的地方。如果沒有「最低限度的人際關係」，根本無法樂在工作。有了催產素幸福，獲得周圍的支持和鼓勵，才能促進工作成功，實現多巴胺幸福。

多巴胺幸福的推手就是催產素幸福。「三層幸福」的中間段，更是多巴胺與血清素之間的樞紐。

多巴胺幸福

位於三層結構最上面的多巴胺幸福，簡單說，就是「成功」的幸福。

多巴胺讓我們的大腦興奮，所以多巴胺幸福會帶來一種

「振奮感」。會不由自主揚手高喊「太棒了！」，那種「喜悅」「快樂」「成就感」就是多巴胺幸福。

例如「在體育賽事贏得冠軍」，興奮地高喊「成功了！」，那樣的喜悅應該很容易體會吧。

多巴胺幸福就是「獲得成就時的喜悅、幸福」。獲得財富、夢寐以求的事物，升職、加薪等事業的成功，地位、名譽等都是；還有受別人肯定也是。

要「獲得」就必須先付諸行動和努力。「結果」和「成果」不會自己掉下來。

不努力工作，就不可能得到升職的機會，也不會被公司肯定，為了拿出結果，必須付出各種努力和時間。有時還要花錢。換句話說，多巴胺幸福是「對價」的。雖然要滿足多巴胺的欲望很辛苦，但也正因為如此，獲得的喜悅是豐碩的。

有別於血清素和催產素「安靜的幸福」，多巴胺幸福帶來的振奮、興奮，是強烈且巨大的，才會使得許多人為此而努力。

還有，多巴胺有「越多越好」的特質，當我們得到一個東西，「還想要更多」，就是多巴胺分泌的時候。

「升到股長了，下次是課長！」

「加薪了，我還想要更多薪水！」

♥ 多巴胺幸福 ♥

【簡單一句話】來自「獲得」「成就」的幸福感		
成功		金錢、財富 工作的成就（升職、加薪） 地位、名譽、社會上的成功
幹勁		設定目標、達成目標 達成、自我成長 欲望、幹勁、動力 報酬、褒獎
學習		學習、自我成長
肯定		受到表揚、肯定 訂閱數、按讚數增加
快樂 物質		對物質‧金錢‧名譽的欲望 食欲‧性欲 快樂、遊樂、娛樂、興趣

「縣賽拿到冠軍，下次就是全國大賽！」

「考了95分，下次要100分！」

多巴胺是「動力」「幹勁」的來源，因為有多巴胺，我們才會「努力」「拚命」，最後促成「自我成長」。

感覺「好開心」「好有趣」也是因為多巴胺。

打遊戲很開心，想一直玩下去。

看電影、動漫很有趣，想一直看下去。

吃到美食，想多吃一點，下次還想再來。

感覺「開心」「有趣」「想要更多」就是多巴胺正在分泌。

遊樂、興趣、娛樂，這些全部都是多巴胺幸福。

多巴胺如果失控……就會上癮

前面說過因為得到多巴胺的過程很辛苦，所以喜悅的程度也會特別強烈、有價值感，但其實要獲取多巴胺也有輕鬆容易的方法。

例如，飲酒。酒精促使多巴胺分泌，所以喝醉會感覺「很開心」。啤酒或氣泡酒，花點小錢就能得到多巴胺幸福。雖說還是需要對價，但區區幾十元，幸福就簡單入手了。

💜 多巴胺報酬的失控 💜

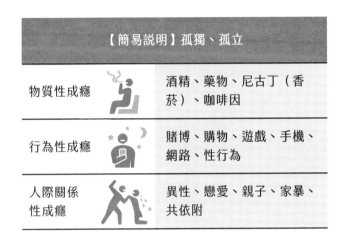

【簡易說明】孤獨、孤立		
物質性成癮		酒精、藥物、尼古丁（香菸）、咖啡因
行為性成癮		賭博、購物、遊戲、手機、網路、性行為
人際關係性成癮		異性、戀愛、親子、家暴、共依附

不過，有一個「地雷」必須小心。多巴胺「越多越好」的特質。喜歡喝酒的人，只喝一罐啤酒肯定不夠，還想喝2罐、3罐。最後喝得爛醉。

酒精還有養成「慣性」的效果，一開始一罐啤酒就夠了，漸漸變成每天要喝2罐，然後又增加成3罐、4罐。幾年下來，就變成「酒精上癮」。

多巴胺也是造成「上癮」的物質。

會造成「上癮」的常見刺激，通常來自酒類、藥物、賭博、購物、遊戲、手機等等。

藉這些能輕鬆入手的「快樂」得到多巴胺幸福，很容易

「成癮」。

　　酒精成癮可能導致失去工作能力、與社會脫節，還可能因肝硬化、食道靜脈瘤破裂等病症損害身體，甚至危及生命。

　　藥物也是非常危險的東西。最初可能只是「好奇」，一旦上癮，就會很難戒除。染上大麻、古柯鹼這些毒品，將直接傷害大腦。偶爾有藝人因持有藥物遭到逮捕，最後變成「犯罪者」，想再回歸社會，是非常困難的。

　　賭博、購物成癮的人，會傾家蕩產，漸漸開始需要借錢，也不能去工作，無法在社會上立足。也有很多夫妻和家人關係因此破裂的例子。

　　電玩、手機成癮其實非常恐怖。看起來好像沒什麼了不起，但許多人沉溺打電玩或手機，每天4小時、5小時，甚至浪費更長時間，對睡眠造成影響。工作和學業也因而荒廢，但當事人卻渾然不覺，停不下來，明顯就是上癮。這就是追求輕易得手的多巴胺幸福必須付出的代價。

　　多巴胺的快樂是個「無底洞」。一旦上癮，很難戒除，一步步陷進去，無法自拔。

　　多巴胺和成癮的問題，我將會在第6章詳述。雖然多巴胺能激勵我們「自我成長」，但使用不當，也會造成「自我毀滅」。一旦成癮，血清素幸福和催產素幸福也都不保。多

巴胺幸福應該如何獲取，以及如何共處，是我們人生中非常大的課題。

現在正是探討「幸福」的時候

我發現「幸福三層理論」是2004年的事，之後耗時17年，才將總結寫在這本書。為什麼會花這麼長時間呢？

「希望過得幸福」是所有人的願望。我自己從過去就一直思考這件事，成為身心科醫師後，為身心症患者做諮詢，替他們思考「需要做什麼才能得到幸福」。

最近我利用YouTube「身心科醫師・樺澤紫苑的樺Chanel」，為每天數十封諮詢郵件製作影片，至今解答了3000多個提問，也藉著這些問題，繼續思考「何謂幸福」以及「如何得到幸福」的命題。

從構想到完成花了20年的這本《自造幸福》終於問世，這與「新冠肺炎」不無關係。

由於新冠肺炎的影響，重新思考「生活」「工作」的人越來越多。

因為新冠肺炎不得不關店的人、考慮轉行的人、想利用遠距工作多出來的時間開創副業的人、因為可以遠距工作而考慮搬到鄉下的人。我自己也有好幾個朋友說「希望孩子在

大自然中長大」，從東京搬到鄉下生活。

雖說新冠肺炎是一個大災難，但這樣的逆境、危機、變化，也正好給我們重新思考「生活」與「工作」的機會。

想要改變「生活」與「工作」，就必須對自己提問「什麼樣的生活才是幸福？」「什麼樣的工作方式才是幸福？」

每個人都想得到幸福，卻大多不曾認真想過「何謂幸福？」，剛好碰上新冠疫情，不少人開始思考「現在這樣的生活方式、工作方式好嗎」？

日本人現在才發現預防的重要性

「要是染上新冠病毒，昨天還好好的，突然就被送進醫院，一下子變成重症，說不定就死了」，這樣的恐懼提醒了我們「健康值得感恩」「要保持健康」，認真思考「預防」的重要性。

每天守住電視節目的最新資訊、瀏覽網路的消息，不放過每一則「預防新冠肺炎的方法」「如何提升免疫力」「戴口罩到底能不能有效預防感染？」等標題的報導。日本人可能從來都沒有這麼認真看待疾病的「預防」。

我認為這是個大好機會。日本的健保制度很慷慨，國民的自付額非常低，結果造成許多人以為「生病去醫院就好

了」，這其實是很不好的觀念。「努力不去醫院」的人，也就是認真實踐「預防」的人，可能比其他國家要少很多。

人們開始注意預防，表示他們注意到血清素幸福。在新冠疫情下，「健康」不再「理所當然」。日本人現在終於發現「健康很重要」「健康無可取代」。

我最近深深感覺，總算到了推廣「健康」的時代。

還有，倡導「幸福」的時代也終於來臨。

泡沫經濟瓦解的啟示——金錢不能使人幸福

我們將時間稍微推回一些。「昭和時代」是一個追求經濟成長的時代，有所謂家電的「三種神器」＝電視、洗衣機、冰箱，買得起的家庭可是很「幸福」的。接著又有「冷氣」「汽車」相繼問世，都變成生活不可缺的必需品。自太平洋戰爭戰敗後，日本經濟復甦堪稱奇蹟，GDP高度成長僅次於美國，成為世界排名第2的經濟強國。

經濟高度成長的昭和時代，應該很多人感覺「幸福」。目標一步步達成，使得大腦中的多巴胺不斷分泌。

1986年到1990年，日本的經濟發展來到最高峰，也稱為「泡沫經濟」。1990年股票大崩跌，泡沫經濟瓦解，發生許多高額不良債權、企業倒閉，也出現自我宣告破產的人。

　　金錢真的能使我們幸福嗎？一直追求多巴胺幸福的結果是什麼？許多日本人應該都學到或感受到「只追求多巴胺幸福，不是真正的幸福」。

　　除了日本人，世界上其他國家的人，在經歷過2008年全球性金融海嘯後，也都得到了類似的教訓。

東日本大地震的啟示——「人和」非常寶貴

　　泡沫經濟瓦解後，日本經濟就陷入低迷。之後被稱為「失落的10年」「失落的20年」。平成元年（1989年）開始的時代，就是泡沫瓦解及「失落的20年」，經濟持續低迷。

　　平成時代發生的大事除了「泡沫經濟瓦解」外，還有一件。那就是2011年3月11日發生的東日本大地震。罹難者高達2萬人以上，以及前所未有的災害，被害者與他們的家屬，甚至日本全國國民的心靈都受到非常嚴重的創傷。

　　當時，電視節目反覆地提及「羈絆」這個詞，「此時此刻，羈絆格外重要」「珍惜彼此的羈絆」。

　　地震引起的海嘯沖走了整個城鎮的房屋、建築物，人們與家人失去聯繫，他們是不是還活著？還是被海嘯捲走、或是罹難了？唯一能用來聯絡的手機也都斷訊，沒電也無法充電。

　　怎麼辦、怎麼辦？死命地在避難所公布欄上找尋自己家人的名字，家人應該是被收容在其他避難所！在公布欄上避難者名單找到自己家人的名字！太好了，得救了！他們還活著！太好了，他們還活著。

　　再次與家人團聚，從來沒想過得知家人們還活著竟是這樣令人高興、感恩的事。

　　孩子還在身邊、父母還在身邊，竟然如此幸福，過去的我們是這樣安心地生活著。過去一家和樂是那麼理所當然，從來不覺得有什麼特別，直到差點失去這樣的幸福，我們才知道「人和」是那麼美好，深深體會了「人和」這種幸福的重要性。這就是東日本大地震帶給我們的教訓。

　　「羈絆」「人和」「愛」一直都存在著，卻因為太過理所當然，導致我們都沒有感覺，也就不感激擁有的這一切。

　　因為東日本大地震，大家才注意到「羈絆」「人和」「家人」的重要，這真的是一件「大事」。

　　地震之後，許多人帶著救災物資到避難所探訪，每個周末都有好幾萬義工來到災區加入清除瓦礫的工作、訪問災區、為災民服務，無償地奉獻。從來不曾參與志工的日本人，特別是年輕人，竟率先加入志工團隊，真的非常感人。許多不能直接到災區的人也熱烈響應捐款。

　　我也於地震災後，拜訪了岩手縣大船渡市，借市政府廳

舍義務舉辦了災後心理治療的演講。

　　日本全國的國民都感受到了人與人之間的「羈絆」和「人和」！日本人從東日本大地震學到了「人和」，也就是催產素幸福，真的非常重要。

時至今日，人們思考幸福的時代終於來臨

　　這本書如果是3年前出版，我想可能會乏人問津。

　　就算大聲呼籲「血清素幸福→催產素幸福→多巴胺幸福，優先順序非常重要！」，人家可能也懶得理我，「不必了，我現在健康得很」。

　　然而，經歷了泡沫經濟瓦解才知道多巴胺幸福的空虛，遇過東日本大地震才懂得「人和」、催產素幸福的可貴，而現在的新冠疫情，才意識到「健康」，也就是血清素幸福的重要。

　　現在終於有許多人願意聽取我建議的「血清素幸福→催產素幸福→多巴胺幸福的優先順序」了。

　　想想這個時代背景，「新冠疫情」還繼續肆虐的2021年，本書提倡的「三種幸福」應該要問世了。

　　探討幸福的時代終於來臨，真是一件很美好的事情。

💟 現在才能說的三種幸福 💟

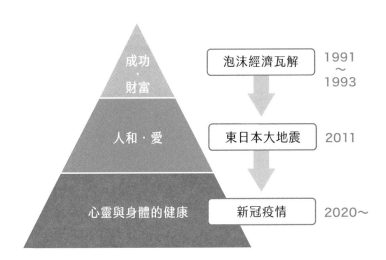

成功·財富	泡沫經濟瓦解	1991~1993
人和·愛	東日本大地震	2011
心靈與身體的健康	新冠疫情	2020~

▶▶ **第2章　總結**

1　「舒爽」「放鬆」——血清素幸福的印象

2　「來自與人關連的安心感」——催產素幸福的印象

3　「成功」「成就感」——多巴胺幸福的印象

4　多巴胺失控會造成上癮

5　新冠疫情正式帶來重新思考幸福的機會

幸福的「四種性質」

> 人總是細數勞苦，從不清點幸福。
> ——杜斯妥也夫斯基（Fyodor Dostoyevsky）

🧍 性質1：幸福就在這裡——「BE」和「DO」的幸福

前面我們仔細地探究了三種荷爾蒙類型的幸福，相信大家對此都已經有了大致的概念。

接下來讓我們稍微再換個角度，一起來看看幸福的四種性質。

血清素幸福與催產素幸福都是自然存在的幸福，我們稱之為「BE」的幸福。「BE」就是be動詞的be，不必刻意為之，自然就「存在」於我們周遭。

早上起床，出門看見藍天，就感覺「清新」「舒適」，自然就「有了」血清素幸福，可惜還是有很多人不覺得這是值得「感恩」的事。

早上起床，有最親愛的另一半為自己做早餐，多麼幸福啊。很自然地，催產素幸福就「有了」。但是，仍然有很多人認為這樣的幸福是理所當然的，沒有意識到這是值得「感

恩」（ありがたさ）的事。

「感恩」是一個很有趣的詞（譯註：日文的感謝寫做「有難い」＝「ありがたい」），原本是形容事物的「存在」非常難能可貴，所以才令人產生感謝的念頭，進而衍生出「謝謝」這樣的口語。

我們可能早就擁有血清素幸福和催產素幸福，也就是「自然存在」的幸福，卻沒有意識、注意到幸福的存在。察覺「BE」的幸福是很重要的，而且要維持、盡一切努力不失去它。但是，「從未察覺的幸福」要怎麼努力維持？所以首先我們必須要先有所覺知。

話雖如此，人們大多是失去了才察覺曾經擁有「自然存在」的幸福，卻為時已晚。

再看多巴胺幸福，它是行動或努力的結果所帶來的、我們稱之為「DO」的幸福，要「做」了些什麼才能得到，換句話說，什麼都不做的話，就得不到多巴胺幸福。

大家都想「變有錢」，但被問到「為目標做了些什麼？」時，通常都是「什麼也沒做」。什麼都不做，錢是不會自己跑來的。反過來說，付出的行動越多，你就能得到相應「DO」的多巴胺幸福。明白這個道理之後，你會發現不行動很吃虧的。

性質2：
幸福不是「結果」，而是「過程」

　　大家都把「幸福」當成「結果」，以為「只要努力工作，就能得到幸福」。

　　你是不是也認為「努力再努力，一直努力下去，總有一天幸福就會降臨」。踏上努力的階梯，頂端就是名為「幸福」的樂園，自己總有一天能到達。帶著滿腔期待，每天努力地做牛做馬。

　　然而，很不幸地，以我所提出的腦科學幸福論來看，「幸福即結果」完全是個誤會。

　　從「大腦內分泌幸福荷爾蒙就能獲得『幸福』」的主張來看，血清素、催產素、多巴胺分泌時的「幸福」的確存在。

　　例如達成一個大目標、賺到一筆大錢、贏得體育賽事的冠軍，多巴胺會瞬間大量分泌。這時我們感覺得到「巨大的幸福」，但它不會永遠持續下去，反而很快就消退了。

　　「幸福」是一瞬間的「狀態」，是一個「過程」，而不是「終點」也不是「結果」。所以專注於「當下」的幸福才是重要的。

♥ 幸福不是在階梯的頂端，而是正在登上階梯的過程 ♥

關注當下的人　　　　　　　放眼未來的人

幸福就是「現在、這裡」

只要有一點「小小的成就」，或者說「升上一層」，多巴胺就會分泌，「小小的幸福」便會立刻存在。如果「升上100層」，就得到100次「小小的幸福」。

「現在很健康」的血清素幸福，「有人支持著你」的催產素幸福，這些「BE的幸福」也只是你沒意識到，但其實早就存在了。

換句話說，幸福不在「未來」，而是當下、這裡。「現在」就有「幸福」。

　　大家都忽略了自己現在就擁有的「小幸福」，反而堅信有「更大的幸福」「更美好的幸福」「勝過一切的幸福」，因此拚命地努力。

　　然而，忽略當下擁有的「小幸福」、不懂得感激現有的「小幸福」，就算得到了「大幸福」，也只會以為「還有更大的幸福」，永遠不會滿足。

　　並不是登上階梯的最頂端才有「大幸福」，而是每登上一層就得到一個「小幸福」。所以不要以為「爬上去才會幸福」，其實「爬上去的過程」才是幸福。

性質3：幸福會變質——「會減少的幸福」與「不會減少的幸福」

　　許多人相信「有錢就是幸福」，並為此努力工作。有人努力再努力，甚至直到生病。冒這樣的風險，不顧一切地努力，就是因為相信「努力賺錢就會幸福」。

　　「有錢就是幸福」到底正確還是不正確？人們經常問這個問題，實際上是如何呢？

　　這個問題其實早就有「結論」了。我們看看普林斯頓大學諾貝爾經濟學獎得主安格斯・迪頓（Angus Deaton）的研究。

💟 收入增加幸福就越增加嗎？ 💟

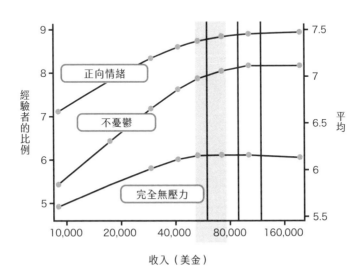

來自財富的幸福以年薪7.5萬美金（800萬日圓）為界開始遞減
引用自普林斯頓大學安格斯‧迪頓教授的研究

　　該研究以「正向情緒」「不憂鬱」「完全無壓力」的三項指標，觀察「收入（年薪）」與「幸福度」之間的相關程度。

　　調查的結果顯示，年薪達到4萬美金（約400萬日圓）為止，收入越高幸福度越高，但提升至600萬日圓時，曲線逐漸趨於持平，超過800萬日圓後，即使年薪大幅度增加，幸福度上升的幅度也微乎其微。

　　也就是說，「年薪200萬日圓的人如果增加到400萬日圓，幸福度會大幅提升，但年薪800萬日圓的人就算增加到1600萬日圓，幸福度也沒什麼改變」。

　　另外一個在日本以2萬人為對象的研究，也發現家庭年收入超過1100萬日圓後，幸福度就不會再增加。

　　所以「有錢就是幸福嗎？」這個議題的結論就是，在某個金額以下可能「越有錢越幸福」，但一旦超過某個金額（800萬～1100萬日圓），就會變成「錢再多，幸福也不會更多」。

　　另一個針對高額彩券得主的調查，結果發現「中獎的幸福感只有短短2個月」。多巴胺是要求「越多越好」的腦內物質。就算中了3億日圓，幸福感也會很快變質，只想要「更多」金錢而已。

　　遞減是多巴胺幸福的重要特徵。「遞減」的意思是金錢的價值獲得的滿足感會一直稀釋，越來越低。

　　換句話說，同樣的刺激，每一次要更多，多巴胺才會分泌，所以得到多巴胺幸福也不能長久持續。

　　例如喝酒，多巴胺就會分泌。一開始只要享受一罐啤酒，但漸漸地要喝2罐才能滿足，然後變成4罐，最後每天需要喝掉一瓶烈酒才能滿足。

　　因為喝酒的幸福感、滿足感會遞減，為了得到同樣的幸

福感、滿足感,只能「增加飲酒量」,結果變成酗酒。

也要注意工作成果的理由 🙌

假設今天發生了「加薪2萬日圓!自己的努力和貢獻得到公司的肯定了!」的情況,加薪固然值得高興,不過再過3個月之後,我們幾乎就不會再對於「加薪2萬」感到感激了吧。

「還能不能再加薪?」「我們公司的薪水怎麼這麼低」「我的努力,怎麼完全沒有反應在薪資上」,「對薪水的不滿」等念想在你心中漸漸萌芽。

就算隔年「又加薪2萬」,你可能想「跟去年一樣喔……」,沒有喜悅,反而還心生不滿。這也是多巴胺幸福的遞減。

許多人不知道多巴胺幸福會遞減,一再地逼自己努力,想得到更多,就像是陷入了多巴胺的「無底洞」。

舉例來說,為達到年薪增加100萬日圓,必須每天加班,兼兩份工作,拚死拚活。卻因此睡眠不足、運動不足,結果年薪還沒達到目標,人已經精神崩潰,導致身心症,甚至因腦中風或心肌梗塞倒下。

容易遞減的幸福、不容易遞減的幸福

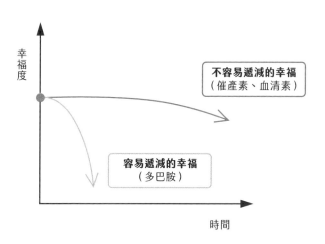

「永續的幸福」是存在的

「金錢的幸福」「多巴胺幸福」會遞減，快樂的感覺很快就會降低。

難道都沒有什麼方法可以避免這樣的情況發生？有沒有「不會遞減的幸福」是否存在呢？

血清素幸福和催產素幸福不會遞減，或者說，不容易遞減。

早上出門看到藍天，感覺到「今天天氣晴朗，好舒服啊」！

隔天也是「天空好藍，真舒服」！

如果連續一星期都是藍天，你會覺得「藍天我已經看膩了，不喜歡」嗎？不會吧。我們看到藍天10次、100次、1000次，都會是好心情，感覺很舒服。這種「舒爽的幸福感」（血清素幸福）完全不會遞減。

又例如你抱著可愛的嬰兒，看到她笑，你就感覺幸福。隔天你又抱起嬰兒，再度感受幸福。連續一個星期，你抱著嬰兒，會覺得「每天抱都抱膩了，已經不覺得可愛了」嗎？絕對不會吧。

可愛的嬰兒抱10次、100次，幸福感都不會改變。也就是說，「人和」「愛」的幸福感（催產素幸福）也不會遞減。

我要再說一次，血清素幸福、催產素幸福是不會（不容易）遞減的，而多巴胺幸福會遞減。這是「幸福」的重要定律，也是成為本書主軸的重要事實。

以血清素幸福、催產素幸福為根基，幸福感會永遠持續下去。只要你身體健康，與家人朋友保持良好關係，就算過了5年、10年，幸福都不會減少。

所以，我們一定要鞏固幸福的基礎，也就是血清素幸福和催產素幸福。

至於多巴胺幸福，算是「額外的」附加幸福。三種幸福

加總起來，幸福感就不會突然減少，而多巴胺幸福像是額外的獎金，偶爾才有的「特別活動」，為你的人生和幸福添加色彩。

🧍 性質4：
用「幸福的乘法」得到所有幸福

多巴胺幸福容易遞減，我們很難從「金錢」或「物欲」得到幸福。所以應該拋開「金錢」「物欲」，好好珍惜「健康」與「人和」。

有些談「幸福論」的書，也是倡導這樣的觀念。

難道我們不能夠「金錢‧成功」「人和」「健康」全部入手嗎？

可以的！

本書最大的目的，就是推廣得到所有幸福的方法。

假設意外獲得一筆大錢，許多人都會感到「幸福」，這時大腦主要分泌多巴胺，所以這種幸福會遞減，很快就變質。

但是，如果獲得財富時，大腦不只分泌多巴胺，還大量分泌催產素，會有什麼不一樣嗎？

一樣是「幸福感」，卻不容易變質，不會遞減。

🖤 幸福的乘法 🖤

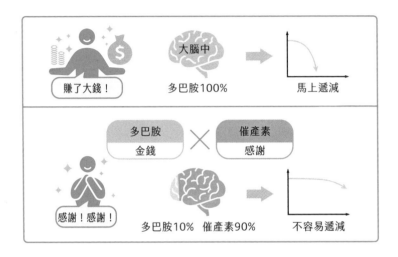

　　方法很簡單，催產素是因為「感謝」而分泌。獲得金錢，就要感恩。滿懷感謝，可使多巴胺幸福轉化成催產素幸福，或是變成多巴胺幸福加催產素幸福的狀態。

　　我們稱之為「幸福的乘法」。

　　「多巴胺」與「催產素」「血清素」相乘，就能將「容易遞減的幸福」變成「永遠保持的幸福」。

　　我們不應該因為獲得「金錢」「物欲」「成功」比較困難，就把「人和」「健康」擺在一邊。

　　「金錢・成功」「人和」「健康」這三種幸福，你可以

「全部」得到。

　　這正是我最想傳達的內容，介紹具體的方法就是本書的最大目的。

「幸福的三層次理論」有科學根據

　　讀到這裡，相信許多讀者已經理解「幸福三層次理論」的概要，但也或許還有人懷疑：「這有科學根據嗎？」

　　雖然「幸福的三層次理論」是我在這本書第一次發表的理論，還沒有正式研究證明，但是已經有許多科學及心理學研究間接證明，支持這個理論的正確性。

　　以下我將列舉幾個具代表性的研究，說明「幸福三層次理論」的科學根據。

血清素是控制人生的總指揮

　　血清素又被稱為腦內物質的總指揮。血清素若能保持穩定活性，便能適時控制多巴胺、腎上腺素、正腎上腺素等其他腦內物質。換句話說，其他物質分泌過剩或不足時，血清素將發揮調整功能，加以抑制或增加。

　　例如成癮症，控制住多巴胺，就能抑制上癮症狀。血清

素保持穩定活性，就可「多忍耐」；血清素低落時，就會「忍不住」「受不了」。

實際上，酗酒患者中，有很高的比例同時也有憂鬱症（血清素降低導致）。

酒精會使「憂鬱」惡化，讓人「更憂鬱」，換句話說，血清素下降，變得無法忍耐而增加飲酒量。血清素低下不只是酗酒的「結果」，更會使其惡化，成為難以治療的「原因」「要因」。

反過來說，如果平時就鍛鍊使血清素保持穩定，便能預防多巴胺失控（成癮）。

活化血清素，情緒就能安定。相反地，血清素下降，就會引發焦躁、坐立難安、情緒不穩、易怒、暴躁等症狀。

血清素就像是套住野馬的「韁繩」。如果正腎上腺素的韁繩斷裂，「不安」情緒開始失控，就會時時感到焦慮；而腎上腺素的韁繩斷裂，「憤怒」就會失控，人變得暴躁；當多巴胺的韁繩斷裂，「想要更多」的念頭失控，「想喝更多」的人會增加飲酒量，「想吃更多」的人就大量進食。

一旦血清素失去功能，「情緒」和「行動」便全部都跟著失控。憂鬱症正是血清素失去抑制功能的狀態。憂鬱症患者若無法痊癒，給他再多金錢、心愛的人隨時陪伴在側，也感覺不到「幸福」。

　　在憂鬱的狀態下（血清素非常低迷的狀態），工作上既不可能成功，整天坐立難安，脾氣暴躁，連培養穩定的人際關係都很困難。

　　因此，「幸福的三層結構」根基必須是血清素幸福。

催產素分泌越多越健康

　　我們都知道催產素是因人際關係、相互依靠而產生「被愛」「被治癒」「安詳」等感覺的「愛的荷爾蒙」，但除此之外，還有許多健康效果。

　　催產素的受體大多分布在心臟，其分泌可以降低血壓或心跳數，預防心肌梗塞等心臟疾病。催產素也能提升個體的免疫力，促進細胞修復，提高自然痊癒力，減緩疼痛。還有研究報告指出催產素能降低壓力荷爾蒙的皮質醇（消除壓力），抑制杏仁核興奮、減少不安，使副交感神經處於優位，產生非常放鬆的效果，並幫助血清素的活化。另外，催產素還可以提升記憶力、學習能力、好奇心等，有著使大腦活化的功能。

　　總結來說，催產素的分泌可使我們「身體健康」「心靈健康」「大腦活化」，即同時促進了血清素幸福。

　　由血清素幸福建立穩定的人際關係，因穩定的人際關係

💜 催產素的健康效果 💜

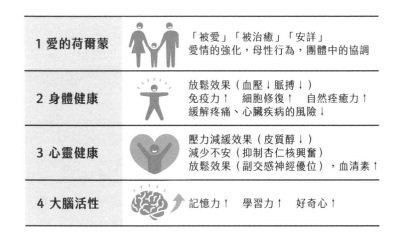

1 愛的荷爾蒙		「被愛」「被治癒」「安詳」 愛情的強化，母性行為，團體中的協調
2 身體健康		放鬆效果（血壓↓脈搏↓） 免疫力↑　細胞修復↑　自然痊癒力↑ 緩解疼痛、心臟疾病的風險↓
3 心靈健康		壓力減緩效果（皮質醇↓） 減少不安（抑制杏仁核興奮） 放鬆效果（副交感神經優位），血清素↑
4 大腦活性		記憶力↑　學習力↑　好奇心↑

而得到催產素幸福，更增進健康。

血清素和催產素的相輔相成，讓我們越來越幸福。

「人和」為多巴胺的失控踩下剎車 ✨

曾經有個有趣的實驗，對老鼠、人類投以催產素，他們對酒精的欲求及酒類的消費量會減少。也有投以催產素，降低對尼古丁攝取欲求的實驗。

換句話說，催產素會壓抑「想喝更多酒」「想抽更多菸」的衝動。催產素可以抑制多巴胺的黑暗面，「想要更

多」的欲望，對多巴胺的失控（成癮）有踩剎車的作用。在未來，催產素或許能製成治療成癮症狀的藥。

事實上，酒癮患者幾乎都同時有「孤獨」的問題。而孤獨也是酒癮發作或惡化的原因。

團體治療對成癮症有很好的效果，我們在電影中經常能看到。例如《火箭人》（Rocketman）的開場就是陷入酒癮及毒癮的世界知名歌手艾爾頓・強（Elton John）接受團體治療的情景。

「孤獨」使成癮症惡化，而「人和」可以治療成癮症。

科學研究也顯示催產素會抑制多巴胺的「想要更多」，阻止多巴胺的欲望。

「跟大家一起做比較開心」也是腦科學正確觀念

催產素可以阻止多巴胺的負面效果（成癮症），另一方面，它也能增進多巴胺的正面效果（幸福感）。

催產素可使中腦（Midbrain）的多巴胺增加，提升幸福感。同樣是「愉快」的刺激，催產素越高，「開心」「高興」的幸福感就越強烈。

例如喝酒，大家都有經驗吧，「在居酒屋與同伴開懷暢飲」就遠比「一個人在家喝」開心得多。一個人旅行雖然也

💟 人生滿意度中「金錢」與「愛」的關係 💟

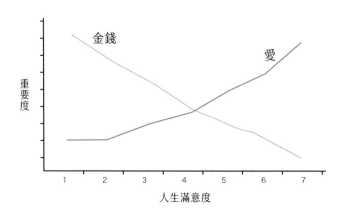

很開心,但夫妻、家人或是志同道合的朋友一起,一定更加愉快。又或者一個人完成工作固然很高興,與團隊一起努力完成大案子的喜悅更多。

這種「大家一起比一個人更開心」的體驗,在腦科學的研究上也是正確的。

同樣一件事、同一個食物,與人同享、大家一起分享,就能達到「催產素×多巴胺」的相乘效果,更容易感受幸福。

反過來說,「小小的刺激」獲得「大大的幸福」也能達到抑制「成癮症」的效果。

越想「賺錢」越不會幸福 🙌✨

「金錢」與「愛」，哪邊比較重要？你會怎麼回答？

一項研究調查人們對「金錢」與「愛」的重視度，與其人生滿意度的關係，結果竟顯示越重視「金錢」，人生滿意度越低，而重視「愛」的人，人生滿意度越高。

這表示「愛」（血清素幸福）必須優於「金錢」（多巴胺幸福），才能得到幸福。

保護大腦免於「憂鬱」與「壓力」的傷害 🙌✨

有研究報告指出，以老鼠進行受試的實驗中，催產素抗憂鬱的效果是非常顯著的（除催產素受體不全的老鼠外）。這表示個體可藉由良好人際關係產生的催產素，進一步改善憂鬱的症狀。因此，有他人「支持」或「支援」的心理疾病患者，比孤獨者更容易痊癒。此外，亦有研究提及「血液中催產素濃度與憂鬱症病例的正向關聯」，為「憂鬱症患者症狀」與「催產素分泌不足」之間的關連提供了有利的證據。而許多憂鬱症患者即使在有家人或朋友支持的情況下，仍時常感覺到「無人支持」的孤獨感，這都是由於體內缺乏催產素。

　　另外，也有研究發現，注射催產素後，患者的不安會減少，有達到降低「憂鬱」和「不安」的效果。催產素也有抑制促腎上腺素釋放因數（CRF）、減少壓力荷爾蒙分泌的作用，在個體處於壓力狀態時，能發揮「抗壓」的效果。最後，催產素還能保護海馬迴（腦內掌管記憶的部位）對抗壓力荷爾蒙，所以也具有保護大腦的作用。

　　因此，催產素也可說是心理疾病的預防物質。若能保障催產素的正常分泌，便能守護我們免於憂鬱或壓力。

　　綜合以上所述，催產素能有效預防身心疾病；打造良好的催產素幸福基礎，即可同時為血清素幸福奠基。

由日本2萬人調查結果發現的幸福感因素

　　「所得」「學歷」「健康」「人際關係」「自我決定」，這5個因素當中，哪一個是決定幸福度的關鍵因素呢？2018年一項神戶大學與同志社大學的共同研究，以此對2萬名日本人進行調查。

　　調查結果將這五項因素對幸福感產生的影響力按高低排序，依次是：「健康」「人際關係」「自我決定」「所得」「學歷」。這項研究得出「健康」→「人際關係」→「金錢」對幸福影響力的次序結論，與「幸福的三層次理論」完

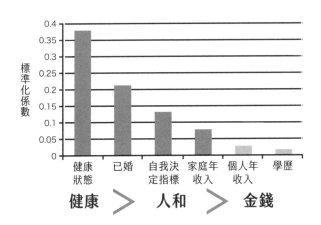

❤ **決定主觀幸福的因素重要度** ❤

註：學歷、個人年收入在統計上不是有意義的獨立變數。引用自「幸福感與自我決
　　定的實證研究」作者（西村和雄、八木匡）之製表

全吻合。

　　大家可能很意外「自我決定」對幸福感程度的影響力，
竟然能超越「所得」和「學歷」，但以身心科醫學的角度而
言，「控制感的缺乏」能將壓力推至最高，故「自我決定」
這項要素與幸福感的提升有著一定程度的關聯。

　　綜合上述研究結果，我們可得到的結論是：對幸福產生
影響力的因素次序為「健康」→「人際關係」→「金錢」。

　　血清素和催產素可以抑制、控制多巴胺，而我所強調血
清素幸福、催產素幸福、多巴胺幸福順序的「幸福三層次理

論」，已被各種研究結果支持、證實。

🧍 關於「三種幸福」的注意事項

在充分了解理論之後，下一章我們將討論實踐幸福的方法。但在此之前，我們必須先針對書中的內容進行進一步的整理與澄清。

首先，血清素幸福、催產素幸福、血清素幸福等本書提及的「○○素幸福」，應精確定義為「具有○○素性印象的幸福感」。以「血清素幸福」為例，其指涉所有於「血清素分泌」與「血清素未分泌」時出現的，具有「健康」「治癒」「清新」等身心舒適印象的良好感受。

假設有10個人在這裡「冥想」，我們無法得知這10個人是否都有進入血清素分泌旺盛的狀態。較不進入冥想狀態的人，或是第一次體驗冥想的人，血清素可能還不會分泌得那麼旺盛。但是，冥想結束後，所有人都感覺到「心情上的舒爽」，我們便可以說他們都得到了「血清素幸福」。

本書雖然以腦科學為基礎進行撰寫，但不以「科學論文」或「科學讀物」作為其定位。這是一本「實用書」，我希望能以淺顯易懂的方式讓大家理解「幸福」的特性，再具體提出「得到幸福的方法」。

一個行動，使多種腦內物質分泌

　　為使讀者容易理解，本書以「特定種類形式的幸福」對應「特定荷爾蒙特性」的方式，提出了「健康」＝「血清素幸福」、「人和」＝「催產素幸福」、「成功」＝「多巴胺幸福」的概念，但人類的大腦並不是「一個行動造成單一對應的腦內荷爾蒙分泌」這麼簡單，實際上腦內發生的反應經常是非常複雜的。

　　以「微笑」這個行為為例。當我們露出笑容，大腦會分泌血清素、催產素、正腎上腺素、安多酚等4種幸福物質。

　　人之所以露出笑容，基本上是因為有個「對象」存在，因應需要作為交流的工具，或是作為交流之後的回應。以本書分類的幸福來看，催產素幸福被定義為「與他人的交流、關係所產生的幸福」，而上述針對「微笑」的行為分析正好與此特性相合，因此我便將「笑容」納入「催產素幸福」類別。

　　本書將多樣幸福荷爾蒙同時分泌的狀況，以最符合的「功能」為準進行分類，以利讀者們方便理解。

　　多樣幸福荷爾蒙同時分泌的情形還有「運動」。我們運動時，大腦會分泌催產素、多巴胺、正腎上腺素、安多酚、腎上腺素等幸福荷爾蒙，以及大量與幸福不相關的激素如睪

固酮、生長激素、腦源性神經營養因子（BDNF）等有益健康的荷爾蒙及腦內物質。

「運動」一個行為，便會造成這麼多腦內激素的分泌，又由於「運動有益健康」的普遍印象深植人心，所以在「健康」「人和」「成功」這些分類中，我將它歸類於「血清素幸福」。

以腦科學的角度來看，運動會使多巴胺的分泌穩定；而當中腦黑質的多巴胺分泌減少，則會導致明顯運動障礙的帕金森氏症，因此神經內科及腦科學專家可能更傾向把運動分到「多巴胺」這個類別。

本書著重於「運動」＝「健康」的印象，所以將其分類在血清素幸福。實際上，散步等有規律的運動也確實能促進血清素分泌。

專欄 探討「三種幸福論」核心概念的電影

• 所有的電影都以「幸福」為題

　　市面上有許多圍繞著「幸福主題」的電影。愛情故事或人生劇情片，演繹令人感動的「人和」（催產素幸福）；勵志成功的故事則表現多巴胺幸福；戰勝病魔的故事情節則體現了血清素幸福。

　　其中也有直接以「得到幸福的方法」為主題的作品，如2007年凱薩琳・麗塔・瓊斯（Catherine Zeta-Jones）主演的《料理絕配》（*No Reservations*）。觀賞本片時，不妨同時思考「三種幸福」，相信更能體會其中深意。

　　身懷精湛廚藝的凱特在曼哈頓一家熱門餐廳擔任主廚，但以女性的身分擔任主廚可不是一件容易的事。

　　由於凱特對於工作的過於投入，時常使自己精神緊繃、脾氣暴躁，偶有客人抱怨牛排火侯，都會失控大怒。不知不覺中，精神上已經難以負荷的凱特，開始尋求心理治療。

　　換句話說，這就是典型「過度追求多巴胺幸福，失去了血清素幸福」。

　　專心於事業的結果，接近40歲的她還沒有男友，這才驚覺了自己的「孤獨」（缺乏催產素幸福）。

　　有一天，因姊姊遇上交通事故不幸身亡，凱特收養了外甥女柔伊（艾碧‧貝林絲〔Abigail Breslin〕飾）。一開始兩人各自心煩焦慮，但漸漸地柔伊先打開心房，凱特的心也跟著開始軟化。

　　單身的凱特不知道怎麼照顧小孩，透過與柔伊的交流，她逐漸感到療癒（催產素的治癒）。

　　這時餐廳聘請了新二廚，年輕有才華的尼克（亞倫‧艾克哈特〔Aaron Eckhart〕飾），讓凱特感覺地位備受威脅。嚴肅且完美主義的凱特非常不喜歡大而化之、自由奔放的尼克，經常和他起爭執。但尼克為偶然來到廚房的柔伊做了一份簡單美味的義大利麵，兩人迅速破冰，凱特也開始對尼克產生好感。

　　尼克來到凱特家拜訪，凱特、尼克、和柔伊，宛如一家三口，體驗了「宛如家人般的幸福」（催產素幸福）。

　　雖然後來又發生一些小插曲，但藉著柔伊與尼克的交流（人和），凱特也得到安慰（恢復血清素幸福），終於克服心理障礙，再次站上主廚的崗位。

　　劇情來到尾聲，女主角重新找到血清素幸福（健
康）、催產素幸福（伴侶與女兒）、多巴胺幸福（主廚
的自信與成功），「三種幸福」全部到位的圓滿結局。

　　「幸福的配方」就是「健康」「人和」「成功」適
度且均衡。電影片名甚至可直接以「三種型式的幸福」
為題，讓我們看到幸福的本質。

　　這部電影簡直是一部佐證「幸福三層次理論」的佳
作，兼具娛樂性質與感動，我已將它列入心目中「十大
人生最佳電影」。

▶▶ 第3章　總結

1　「BE的幸福」與「DO的幸福」

　　「BE的幸福」就是專注於當下

2　幸福不是「結果」而是「過程」

3　幸福不存在於「未來」而是「現在」

4　多巴胺幸福容易遞減

　　血清素幸福、催產素幸福不會遞減

5　過度追求多巴胺幸福，會掉進「無底洞」

6　用「幸福的乘法」能得到所有類型的幸福

7　幸福的優先次序「健康→人和→成功‧金錢」

第4章

獲得血清素幸福的七種方法

> 幸福的第一條件就是不能破壞與大自然的連結。
>
> ——托爾斯泰（Leo Tolstoy）

👤 獲得血清素幸福的方法1：
睡眠・運動・晨間散步

得到血清素幸福最簡單又確實的方法，就是活化血清素神經，使其分泌血清素。

活化的方法有三種：「清晨曬日光浴」「進行節奏運動」「咀嚼」。

日光浴要趁上午的時間，盡量在起床後1小時內進行，如此一來也可以達到「重設生理時鐘」的作用。

節奏運動則是指配合著數「1、2，1、2」節奏進行的運動。例如健走、慢跑、騎自行車。在室內可以做韻律體操、階梯有氧等。

晨間散步是最好的習慣 🙌

結合這些方法，激發血清素最好的習慣就是「晨間散

♥ 睡眠、運動、晨間散步的基本 ♥

1 睡眠 	・每天至少要睡滿6小時 ・若能睡滿7小時以上為佳 ・不只是睡眠時間，也要兼顧「睡眠品質」 ・睡前2小時要避免飲酒、進食、藍光（手機、電玩）、激烈運動 ・沐浴等放鬆生活很重要
2 運動 	・維持健康必須的最低運動量為一天20分鐘快走 ・再加上每周2到3次、40到60分鐘以上的中強度運動 ・最好有氧運動與肌肉訓練兩者並進 ・長坐1小時以上，非常有害健康 ・注意要每小時站起來走動走動
3 晨間散步 	・起床後1小時以內，散步15到30分鐘左右 ・步速稍快，配合節奏大步走 ・日光浴也很重要 ・不必勉強自己提高運動強度 ・沒有時間「晨間散步」的人，通勤時要有意識地「曬曬太陽」 ・「配合節奏快走」，作為「晨間散步」的替代方法

步」。

　　「晨間散步」要在起床後一小時內進行，散步15～30
分鐘左右。走路的速度要稍微快，配合節奏。一次完成「清
晨日光浴」和「節奏運動」，激發血清素神經，便可開始心
情舒爽愉快的一天。

　　散步之後，細嚼慢嚥吃一頓早餐，「咀嚼」的效果可以
促進血清素活性，同樣也可以重設生理時鐘。

　　要使血清素穩定分泌，必須讓大腦與身體協調配合。因
此，充分的睡眠與運動習慣是非常重要的。

　　睡眠、運動、晨間散步，這三項健康習慣，可使血清素
穩定分泌，奠定血清素幸福的基礎。

　　我將睡眠、運動、晨間散步的要點整理在下一頁，具體
方法請參考拙著《延長健康壽命的腦心理強化大全》，內有
詳細說明。

獲得血清素幸福的方法2：
發現

　　血清素幸福，是一種「自然存在的幸福」，也就是前面
所述的「BE的幸福」。出門看看藍天、感受好天氣帶來的
舒爽，自然而然地被包圍在血清素幸福裡，是非常容易做到

的事。

　　然而，許多人經常忽略掉這些在生活中能為我們帶來好心情的事物。

　　看著藍藍的天空，也只想到「喔，是晴天」。每天匆忙趕著上班，怎麼有空抬頭看天空。又或者邊滑手機邊走。也有人整天忙著做家務帶孩子，根本沒出門。真的很可惜。

　　這樣就像是走在路上沒發現100塊掉在地上。不要小看100塊，每天撿到100塊，一年就有3萬6千塊了，10年就有36萬塊。這可是你的「幸福儲蓄」。「每天的小確幸」，累積10年後變成大幸福，「幸福的人生」就是這樣來的。

　　許多人總是嚷嚷「沒有錢」「想要更多薪水」，實際上到處都有100塊。因為他們沒有「發現」的能力，或是沒有「想要發現」「找一找」的意願，才會「沒發現想要的東西就在身邊」。

　　「血清素幸福」與「催產素幸福」其實存在於我們四周，只是大多數人都沒發現，實在很可惜。

　　所以說，我們要隨時留意，鍛鍊「發現小確幸的能力」。

不能發現「小確幸」就察覺不到「大幸福」

「小確幸大可不必，我想要的是更大的幸福」，有這種想法的人應該很多，然而這只是空談。因為不能發現「小確幸」的人，也察覺不到「大幸福」。

總是邊走邊滑手機的你，從來沒發現過路上掉了100日圓的你，會注意到偶然掉在路邊的1萬日圓鈔票嗎？因為你只顧著滑手機，怎麼可能會發現。

又例如一個女孩被印象不錯的公司同事A男示好，卻覺得「他是不錯啦，但應該還有更理想的男生」而婉拒對方。結果，更理想的男生遲遲沒出現，過了幾年，A男跟公司另一位同事結婚，看他們甜甜蜜蜜的樣子，開始後悔「如果當初接受他就好了……」。不起眼的「小幸福」，其實才是「大大的幸福」啊。

發現自己健康／不健康的能力

無法留意到這些小幸福的人，是相對容易生病的。身體雖沒有大恙，但我們仍不該視這樣的健康為理所當然。

感受「每一天的小健康」，是增加與維持血清素幸福不可或缺的習慣。

　　來身心科求診的患者，有八成左右都已超過應來就診的時間。每次見到首次來就診的患者，都不禁感嘆「如果早3個月來，就不會這麼嚴重了」「半年前就覺得不對勁，為什麼拖到現在」。

　　我曾實際詢問過患者：「為什麼要拖到這麼嚴重才來？」他說：「我以為這沒什麼啊。」

　　然而這位患者非常明顯地，一看就知道狀況已經很嚴重了，甚至到了需要馬上住院治療的程度。

　　容我稍微岔開話題，聊一個有趣的睡眠研究。這個研究針對受試者對自身睡眠狀況的覺察進行調查，對受試者提出「有沒有睡好」「是不是睡不好」等問題；接著利用測試睡眠的裝置，精確計測受試者是否真的熟睡。

　　研究的結果，越是沒睡好的人，越回答自己「睡得很好」。簡單說，睡眠不足的人經常是「頭腦放空的狀態」，他們無法精確地感受自己的健康狀況。

　　其實憂鬱症患者也一樣，在「非常憂鬱的狀態」下，對自己的健康狀況是一無所知的。

　　以常理判斷，「病情如果惡化，自己應該會發覺」，但我們可從上述的研究，以及對患者的實際觀察得知，事實並非如此。病情越重，越不知道自己病得很重的例子非常多。

　　覺察身體的「小小不適」是很重要的。

　　能清楚認知到「自己很健康」或是「狀況不好」，看似簡單，其實並不容易。平時不留意自身健康的人，往往到最後都會失去健康。

💪 獲得血清素幸福的方法3：
　　預防疾病

　　在增加血清素幸福的同時，也應避免因生病失去血清素幸福的情形。為此，「不生病」與「疾病的預防」是非常重要的。

　　儘管如此，大部分的人在生病之前，往往都沒有注意到健康的重要性，睡眠不足、運動不足、熬夜、日夜顛倒等生活習慣的不規律，暴飲暴食導致肥胖等，許多人恣意地過著對健康有害的生活。

　　在年輕、健康的時候應該要多留心，充分睡飽、運動、晨間散步、飲食均衡、禁菸、節制飲酒等，保持有益健康的生活習慣。50、60歲以後的「健康」＝「血清素幸福」，受年輕時期的生活習慣影響很大，所以我希望大家從20、30歲的年輕時期，就能養成「有益健康的良好生活習慣」。

💜 **平時整治好心理疾患的預備軍，就能有效防範疾病的發生** 💜

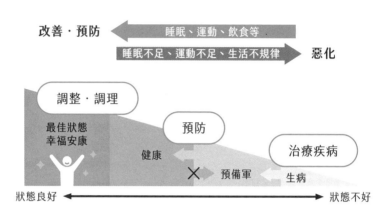

引用自《延長健康壽命的腦心理強化大全》第15頁

發現心理疾病預備軍 💫

　　直到昨天還百分之百健康的人，突然就罹患「慢性病」或是「心理疾病」的情況並不常見。

　　心理疾病會先從「容易疲累」「情緒不穩」「焦躁」「健忘或失誤增加」「不想去上班」「壓力大」等「大腦疲勞」（心理疾病預備軍）的徵兆開始，多半都是拖到最後變成身心症。

　　「預備軍」與「疾病」最大的不同點是，「預備軍」是「可逆的」（容易治療），而「疾病」是「不可逆的」（治

療困難、治不好）。

那麼，我們該怎麼辦呢？我們可以在演變成疾病之前，發現心理疾患的預兆，並採取相應治療的措施。

所以我們平時就要有「預防疾病」的意識，並養成「有益健康的生活習慣」，這是非常非常重要的。

不懂「有益健康的生活習慣」是哪些的朋友，可以參考拙著《延長健康壽命的腦心理強化大全》，這本書專門說明「有益健康的生活習慣」。

獲得血清素幸福的方法4：
關注「當下」

回想過去時感到後悔，思考未來時感到不安，身心症患者多半有這一類的傾向。

身心症患者最喜歡「過去」和「未來」。

「因為年幼時期與母親的關係，導致我變成現在這副模樣。」

「如果沒有那個創傷，我也可以過正常的生活。」

「絕對不能原諒那個傷害我的人。」

「為什麼沒有早點來醫院，不然就不會變得這麼嚴重了……」

　　我靜靜聽著病人訴說，每當提到已經說過好多次的往事時，他們的臉上總是露出沉重痛苦的表情。

　　這時我趕緊岔開話題：「那個就先放在一邊，你今天的狀況如何？」病人們一聽，總是回答我：「喔，很好啊。」害我差點像綜藝節目般從椅子上跌下來。

　　不管今天狀況多好，只要想起5年前、10年前的悲傷往事，說著說著心情就沮喪起來，面色凝重。好不容易「狀況變好」，又白費功夫了。自己挖掘出負面情緒，然後沉浸在悲傷中。結果，病都是自己製造出來的。

思考未來就覺得不安

　　不只是過去，身心症患者大多也擔心「未來」。

　　他們常有「要是失敗了怎麼辦」「這個病治不好，我要怎麼活下去」這類的心聲，或是「病什麼時候才能治好？」「什麼時候能回歸社會？3個月能回到公司上班嗎？」等對於未來的焦慮。要回歸社會，必須先改善現下的症狀，他們卻不思考「當下」，只關注「未來」。

　　想到未來，除非一切「順利發展」，否則都只是不安。「我都治療3個月了，卻一點也沒有好轉。該怎麼辦？」整天無謂地擔心，不安和抑鬱加劇，結果自己讓自己的病情更

加惡化，怎麼也治不好。

雖然我舉病人的例子比較容易理解，不過以我的觀察，世上八到九成的人，心裡都糾結著「過去」與「未來」，認為自己是不幸福的。

例如，「明天要校外教學。可是天氣預報降雨機率80%。要是下雨就會取消，怎麼辦？」

你暗自祈禱天氣放晴，但除非有超能力，否則我們都無法讓雨天變晴天，只能順其自然。可以做的只有準備好明天的校外教學，帶好雨具，然後去睡覺而已。

「後悔」和「不安」都是自己製造出來的。關注「當下」才能消弭「後悔」和「不安」，好好面對「現在、這一刻活著的自己」。糾結「過去」或「未來」一點意義也沒有，我們是活在「當下」，只能做「現在做得到的事」。

累積「現在很開心」的念想

「現在很開心。」「今天很開心。」

這樣的念想連續累積7天，就可以當作是「這整個星期都很開心」。

連續累積30天，就是「這整個月都很開心」。

連續累積365天，就有「這一整年都很開心」。

　　連續累積10年，就是「這10年來都很開心」。

　　連續累積50年，你應該會覺得「我的人生真是太開心、太幸福了」。

　　就算不是連續7天，一個星期裡只有幾天「過得很開心」，你也會覺得「這個星期真開心」。

　　可以用「現在很開心」「今天很開心」這樣的感覺將「幸福的人生」做細分。不能感受到「現在很開心」的人，就不會覺得「今天很開心」，也不會想到「這個星期很開心」，「我的人生真是太開心、太幸福了」就更不可能了。沒有「現在很開心」感覺，只想著「現在很痛苦」「現在很辛酸」「現在很不安」「現在很想死」的人，10年下來，怎麼可能會有「幸福的人生」。

　　感覺「現在很開心」是「幸福人生」的絕對必要條件。

　　要感覺「現在很開心」，就要活在「當下」。意識著現在、感受著現在，做現在能做的事。

　　回想過去會「後悔」，思考未來會「不安」，活在「當下」才能「幸福」。你覺得關注哪一樣才值得呢？

現在馬上感受「健康」的幸福，人生就會改變

　　當我提到要感受「現在很開心」等當下的小幸福時，你

♥ 「現在很開心」連續累積下去，就是最美好的人生 ♥

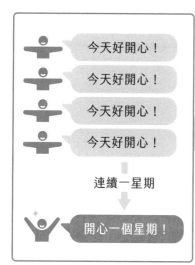

可能會出現「根本沒有值得開心的事！」等念想。

難道你身邊真的沒有「小小的快樂」「小小的幸福」嗎？

除了現在患有重病的人，在晴空下散步，一定會覺得很「舒服」吧。或許這是件微不足道的事，但確確實實是一種「幸福」。

生病，或是極端疲勞、壓力巨大的人就另當別論，大多數「健康」的人，都已經擁有「小小的幸福」（血清素幸福）。

能夠注意、感受到的人，就能感覺「現在很開心」「今天很開心」。換句話說，他就能夠得到「幸福」，或者已經擁有「幸福」。

「健康」是當下最容易感受的幸福。覺知這種幸福、體會這種幸福、感謝這種幸福，就是幸福的第一步。

所以我們應該做的就是關注「當下」，僅此而已。

獲得血清素幸福的方法5：提升自我洞察力的三個習慣

只要發現「此時此刻的健康」「此時此刻的舒爽」就能獲得幸福。無奈的是，大家都察覺不到這些潛在可發掘的血

清素幸福，這是為什麼呢？

　　因為他們都不肯仔細探尋。要感受自己的情緒或身體狀況，「自我覺察」是必不可缺的。大部分的人把時間花在關注手機、別人的臉色等外部資訊，只顧著處理「自己以外的資訊」，根本無暇關心「自己的情緒或身體狀況」。

　　此外，若是要求平時沒有養成自我反思習慣的人，要深入覺察自身的狀況，說不定他們也不知道該怎麼做才好。也就是說，如果要深入地認識自己，那麼「自我洞察力」將會是不可或缺的要素。沒有自我洞察力，就無法發現自己身上的血清素幸福、催產素幸福及多巴胺幸福。

　　為了能夠發掘幸福，更加體察自身狀況與健康狀態，我們必須提升「自我洞察力」。

　　接下來我會說明提升自我洞察力的具體方法。

自我洞察力低的人容易生病！

　　「容易生病者」與「不容易生病者」之間的差異，在於自我洞察力的強弱。

　　不容易生病的人自我洞察能力強，一發現「最近好像很疲勞」就會想辦法改善。舉例來說，「最近好多事要辦，好忙啊。我得喘口氣」「最近都很晚下班，至少睡眠要充足」

等，必須能夠擁有這樣自我觀察、自我分析的能力，才能做出相應的調整。

又比如能夠意識到自身狀況不對勁、及早到醫院檢查的人，或許也能在問題變得嚴重前進行相關的治療處遇。自我洞察力高的人會事先預防，所以較不容易生病；就算生病，也會馬上在症狀輕微的時候發現，及早治療，才不致釀成大病。

反觀自我洞察力低的人，他們甚至無法覺察到自己「最近比較累」。

來身心科就診的病人幾乎都無法自我覺察，到醫院就診時都已經發現得太遲了。半年前就覺得狀況不太好，卻完全置之不理。結果拖成重症，必須住院治療，可能又要花上好幾年才有辦法回歸社會。

所謂自我洞察力，指的是感知自己健康狀態好或壞的能力。換句話說，就是感受「血清素幸福」的能力，也就是「發現幸福的能力」。

以下我將介紹提升這種能力的三個習慣。

> **提升洞察力
> 習慣 1**　起床冥想

一天一次，安排一個「與自己身體面對面的時間」。

這個時間，應該不是「早上起床時」，就是「就寢前」。世上的人都很忙，工作、讀書、做家務、帶孩子，忙得不可開交，若稍有空閒，也只想盡情玩樂。靜靜地與自己的身體狀態面對面——短短「1分鐘」也好——能夠騰出這1分鐘的人竟少之又少。

有一個方法，讓忙碌的你也能夠每天確實「與自己的健康面對面」。那就是利用睡醒的時間「起床冥想」。

早上睜開眼，或是鬧鐘響起時，很少人能夠10秒內就從被窩中起身、激勵自己：「今天一整天也要努力！」。大部分都是賴在被窩裡，等稍微清醒了才起床。我們可以有效利用這一點賴床的時間。

與自己的健康面對面，換句話說，就是正視自己的「身體」和「心靈」，讓意識像電腦斷層掃瞄一樣，掃描自己的身體：

針對身體現下的狀況，詢問自己下列問題：現在的我是不是渾身無力？是不是還很疲勞？身上有沒有哪裡疼痛？睡眠是不是已經充足？睜開眼是否清醒？有沒有熟睡？是不是

充滿幹勁等等。

接著，以滿分100分為標準，給自己的身體狀況、情緒、活力打分數，如今天的狀況是「80分」等，按照自己的主觀感受評分即可。

上述的分數最好能記在「日記」或「筆事本」以方便隨時查閱、客觀地檢視自己的身體狀況，也可以跟幾個月前的紀錄結果進行比較。

思考這些分數的意義，比如今天你給了自己「80分」的評價，可以思考一下「為什麼會扣20分？」。「昨天運動的痠痛還沒好」或是「睡到半夜醒過來，有點睡眠不足」等。或者分數特別低者，例如「40分」的時候，可能是「昨天酒喝多了，宿醉好難過啊！」意識到身體的變化，知道「下次不能再喝成這樣了」，也有助改善生活習慣。

將自己的體能數據化，一開始可能很難，但持之以恆，就能夠漸漸正確評估自己的健康，以此訓練自己「發現」健康、不健康的能力。

早晨的想像訓練是最好的開始

結束「身體狀態」掃描後，接著請想像「今天的行程」。

「今天打算寫有關○○的內容」「下午有一個會議呢」，訓練自己詳細想像一天的行程，「順利進行」「輕鬆完成」。也可以設定目標，例如今天一定要「完成△△」想像幾分鐘時間，頭腦就清醒過來，睜開眼睛，起床準備。

我將睜眼起床之前的「健康確認」與「想像一天訓練」稱為「起床冥想」。一次完成健康確認和一天行程的心理準備，是個一舉兩得的健康習慣。

這個時間大家都只是放空實在可惜，因為根本不必多花1分鐘。

從早晨起床這一刻，打開活動的開關。這時你整個人都充滿著血清素幸福。

> **提升洞察力習慣 2**　正念的晨間散步

能同時做到「關注當下」與「發現」兩者的訓練方法就是「正念」。

我和許多人聊過「健康習慣」的話題，有「晨間散步」習慣的人非常多，但練習「正念」或「冥想」的人卻非常少。

正念聽起來好像是很難做到的事，實則不然。「正念」

的練習不需要拘泥於特定的時間或地點，一邊走路一邊有意識、不帶批判地「覺知」事物、身體的感受，也是正念的一種練習方式。

忙碌的上班族或是家庭主婦，不需要固定每天特地安排15分鐘進行正念練習，正念是能夠一邊做事一邊完成的覺察訓練方法。舉例來說，「搭捷運」「工作的休息時間」「泡澡」都是可以一邊進行正念練習的好時間。

「晨間散步」也是個特別適合正念練習的時機。

練習正念的方法有很多種，我自己實踐過後覺得最簡單、最容易持之以恆的就是「正念晨間散步」。

實踐正念練習時應專注於「此時此刻」，所以並不適合一邊聽音樂或英語學習音頻進行。

首先抬頭看看天空，你可以試著感受晴天的清爽舒適，感受清新的空氣從鼻腔進入、充滿肺部的感覺。

或者，你也可以將意念專注在向前邁進的每一步——右腳踏出，再換左腳。右手上揚。腳底感受著柏油路。

又或者你可以邊走邊感受大自然，享受風吹過來的清爽、暖呼呼的陽光、樹木綠色的美好。聽得到鳥叫聲，好像還有蟲鳴。櫻花漸漸開花了，草木綠意盎然。

獨自在房間裡練習正念時，我們很容易出現各種「雜念」，這時發現「雜念」並把注意力拉回原來的狀態，就是

一種訓練。而晨間散步則是練習去感受平時圍繞在我們身邊、卻鮮少被我們注意到的周遭事物，如「晴空」「空氣」「陽光」「大自然」等的時機。重點是細細感受它們帶給我們的「清新」「舒爽」「美好」及「療癒」的感覺。在這樣的情境下，我們的身體每一瞬間都分泌著血清素。

當我們看著藍天時，會感受到自己的狀態是如此美好，感受到自己與蔚藍的天空同在。平時並不會意識到的「感覺」和「心情」也會在此刻變得格外鮮明。慢慢地，你會發現自己越來越能專注於「當下」。

這就是所謂「發現」能力與自我洞察力的提升。

每天收集「100日圓硬幣」的驚人效果

「藍色的天空好美，白色的雲飄過來了，吹著微風好舒服啊！」

像這樣一一感受周遭景物的動靜，如同在腦海中進行實況轉播，實踐起來非常簡單吧。

像這樣專注於「此時此刻」，你的感覺會變得越來越清晰。突然之間，變得能聽見遠方原本沒注意到的微弱鳥鳴，再凝神傾聽，彷彿又還會再聽到更多其他細碎的鳥叫聲。

正念晨間散步能訓練我們的「發現力」，也就是讓我們

充滿血清素幸福的行為。「清新」「舒爽」「美好」「治癒」等每一種感受，都讓我們充滿了血清素幸福。

就像「幸福的100日圓硬幣」，一個個都不過是「零星的小確幸」，但是收集起來，就會變成「大大的幸福」。可以邊走邊收集血清素幸福的散步，就是正念晨間散步。

我推薦每天晨間散步15到30分鐘，每一趟散步，可以收穫幾十次的「清爽」。換句話說，短短30分鐘，收集100個「幸福的100日圓」，成果就是收穫「10000日圓的幸福」。

散步的時候，用「發現」的捕蟲網，將自己周圍的「好心情要素」「愉快要素」「清新要素」「美好要素」「療癒要素」一一捕獲，短短的30分鐘，就能完成「美好的血清素幸福收藏」。

晨間散步的健康評估 🙌

若是定期練習正念晨間散步，也可以提升健康的觀察能力。

「平時走30分鐘都不會累，今天怎麼才20分鐘就累了呢」「走完晨間散步應該要神清氣爽，怎麼感覺很疲勞」「（一邊走著）咦，腰感覺怪怪的」，對身體的異常感覺會因此變得敏銳。

「（一邊走著）今天的會議真是令人擔心」如果想到其他的事，就不是專注於「此時此刻」，這意味著專注力分散了，也是壓力大的證據。

如果「今天不太舒服，不想去散步」，很明顯地就是身體狀況「不好」。

能夠感覺到自己身體不舒服，就可以想辦法因應。「最近睡眠時間比較少，我得好好睡一覺」「工作好疲勞啊，必須休息一下了」「趁著腰痛還沒復發，去按摩吧」。

等到習慣養成，你會發現隨時隨地都可以正念。通勤途中、搭捷運時，休息時間喝咖啡時、用餐時，在健身房鍛鍊時。這表示你已經可以隨時隨地「感受血清素幸福」了。

> **提升洞察力
> 習慣 3**　**輸出小確幸**

好不容易養成的「發現」能力，再配合「輸出」，便能讓大腦牢牢記住。進行正念晨間散步時，一開始可能會不太順利，但只要結合「輸出」，就可以大幅提升「發現」的能力。

整件事情只要把晨間散步時所感受到的清爽舒暢，具體將細節輸出（寫下來）即可。

「綠色的樹木好美，白雲飄過來，微風吹拂，好舒服啊。還聽到了鳥叫聲。」

一開始記錄的時候，就像前面所示範地簡單寫1、2行就可以了。趁著大腦還沒忘記，晨間散步回來後要馬上記錄當下的所有感受。一天天養成習慣，一邊進行回想，一邊書寫在「3行正能量日記」中，做為一天的總結。（稍後我將會介紹「3行正能量日記」的具體寫法）

「3行正能量日記」中其中一行一定要記錄晨間散步。舉例來說，「今天早上出門散步，覺得神清氣爽」。你可能會覺得說「每天都寫同樣的事有什麼用」，其實不然。

我要再強調一次，「血清素幸福不會遞減」。「連著一個星期都是晴天，第7天看到藍天的時候突然覺得討厭」這種事是不可能的。「看到藍天就有好心情」，這件事看了100次甚至是1000次，都不會改變。

不過，雖然「血清素幸福」是「不會遞減的幸福」，但如果一個人不主動去感受並且積極輸出，很快就會「忘得一乾二淨」。

我在拙作《最高學以致用法》中曾詳細介紹過「輸出」有助於「記憶的強化」。越是輸出，記憶就越是牢固。所以我們應該要積極地、不厭其煩地輸出「正面的體驗」。

「現在很開心，今天很開心」，這樣的想法一天天累積

起來，就會是「幸福的人生」。不過，每天的「現在很開心，今天很開心」如果不輸出，就會忘記。因為我們的頭腦塞滿了龐雜的外部資訊，沒辦法記得所有的事情。

「輸出」只要3秒鐘的「自言自語」 ✨

覺得「工作太忙，沒時間寫日記」的人應該也很多。「輸出」可以是「寫」「說」「行動」。沒時間「寫」，「說」也可以。

以我自己而言，每天外出時，我都會說「今天天氣真好，好舒服」「感覺好清爽啊」。我並沒有真的寫下來，其實都只是「自言自語」啦（笑）。一個人再怎麼忙，「自言自語」的時間總是有的吧。

「今天天氣真好，好舒服。」

3秒鐘就可以講完了，而且還是邊走邊講。

你如果不相信，明天一早就可以試試看。透過把感覺說出口，「舒服」「清新」「清爽」的印象會更強化，這就是輸出的效果。人的大腦必須先「注意」，才會開始收集資訊。

單單只是說出「好舒服」，大腦就會開始努力收集「更舒服的」「更棒的」血清素幸福。

　　跟家人朋友分享「晨間散步的美好」也可以快速達到同樣效果。「今天早上去散步的時候，我發現櫻花已經開了一點點喔！」只需要這樣的分享，你和對方都會感覺很溫暖。

　　對話和交流能提升催產素幸福，與家人和朋友分享更會提升「血清素幸福」。透過「輸出」每天的感受，周遭的親朋好友，還有你自己，就已經可以包圍在血清素幸福與催產素幸福中了。

「寫下」對健康的感謝

　　如果「小確幸的輸出」是「寫下來」的話，「感謝」的心情也可以一併寫進去，效果會提高好幾倍。「公園的花好美，我覺得好舒服，神清氣爽。感謝今天的健康」，若是自言自語，也同樣加一句「感謝的話」。

　　細節我將在下一章說明，「感謝」能促進催產素分泌。

　　換句話說，輸出「對健康的感謝」，除了血清素幸福，還能得到催產素幸福。催產素也是有益健康的物質，「感謝健康」，就能變得更健康。

　　好好體會血清素幸福，然後輸出，就能一次補足血清素幸福與催產素幸福。這就是你「幸福的根基」。

❤ 血清素幸福螺旋 ❤

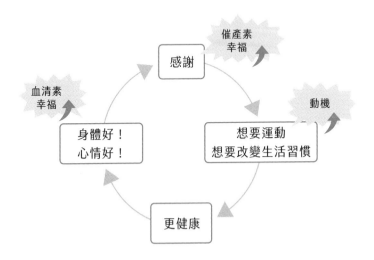

磨練「發現幸福的能力」，轉動「幸福螺旋」

　　將發現的能力，也就是「發現幸福的能力」磨練得更敏銳，就能全天候感知「身體狀況的好壞」「舒適與否」「清爽愉快」，生活在血清素幸福裡。這是非常美好的事。

　　想維持「清爽」與「健康」，就要告訴自己「睡眠」「運動」「晨間散步」一定要正常，養成「健康的生活習慣」。

　　事實上，有研究報告指出，養成「感謝日記」的習慣，

我們就會增加運動次數，積極改善生活習慣。「小確幸輸出」與「感謝健康」都會促使我們「想變得更健康」，不知不覺就增加運動量，改變生活習慣。

增加運動量，改善生活習慣後，身體和心靈都調整得更好，變得更健康，血清素幸福就會更多。有了「健康」與「感謝」，又會更「健康」，這就形成了血清素幸福的螺旋。

如此，我們就不再只是單純地活著，每天都充滿喜悅和期待。因為我們有滿滿的血清素幸福與催產素幸福。

獲得血清素幸福的方法6：三行正能量日記的三樣根據

「『此時此刻』一定有開心的事和小確幸存在。只要努力去發現，就能找到幸福！」再怎麼強調，大家都還是會認為「沒有值得開心的事」。

病人都只會說「好累」「好辛苦」這些負面的話，當我問「最近有什麼開心事？」他們都會立刻斬釘截鐵說：「沒有」。

但是，再繼續問下去，還是能引導出跟朋友去KTV，或是出去玩等話題。

　　一天24小時，你可能大部分時間都「很累」，但一定也
會有「開心」的事發生。

　　假如你被當成間諜抓起來，每天嚴刑拷打，那可能真的
會感受到「一件開心事都沒有」。但是健康又文明地生活在
日本這個國家的人，怎麼可能「完全沒有開心事」呢？

每人每天經歷的，一定都是「苦樂參半」

　　讓我舉一個簡單的例子。假設一天發生了10件事，其中
有5件是開心的、5件是痛苦的（可能是很辛苦或很麻煩的
事），然後我們在一天的最後，要回想整天裡發生的其中3
件事。

　　回想起3件都是「痛苦事」的人，他那天一定過得「很
辛苦」；3件都是「開心事」的人，那天就是「開心」「幸
福」的一天。這完全取決於個人的「幸福收集能力」。

　　大家都過著「完全相同的24小時」，「幸福收集能力」
低的人，收集的全是「痛苦」，腦海裡盡是「每天都過得好
痛苦、好累」。

　　「幸福收集能力」高的人，只關注「開心的事」，對
「痛苦」「辛苦」全都一笑置之。結果他只記得「今天是開
心的一天」。

♥ 幸福收集能力決定幸福度 ♥

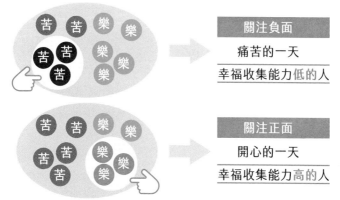

過著同樣的一天

關注負面
痛苦的一天
幸福收集能力低的人

關注正面
開心的一天
幸福收集能力高的人

　　我們常聽人說有錢人總是為錢煩惱，無論事業多麼成功，有錢、有地位、有名，都無法將「痛苦」「辛苦」化為零。

　　而問題點就在於你關注哪裡。

　　一天發生的10件事裡頭，有5件事「開心」、5件事「痛苦」，我相信這個比例較符合大部分人所遇到的實際情況。

　　想要獲得幸福，沒有必要改變人生。只要提高「幸福收集能力」，即使過去每一天都枯燥乏味，收集越多「開心事」，感知力也會變得越敏銳。對「痛苦」一笑置之，日常的壓力也會減緩許多。

許多人以為「必須付諸行動和努力改變人生，才能得到幸福」，其實這樣的想法並不正確。

無論做什麼、怎麼努力，假設一天發生的10件事，有9件「開心」、一件「痛苦」，只注意那一件「痛苦」的人，永遠也感覺不到「幸福」。

得到幸福的方法，就是提高幸福收集的能力而已。

當然，行動和努力可以用在追求財富或成功（多巴胺幸福），也應當如此。但是，假如一個「幸福收集能力」低的人，就算有了財富和成功，還是會只記得「痛苦」「辛苦」的事，當然也不會注意到費勁得來的「多巴胺幸福」了。

寫3行正能量日記提升「得到幸福的能力」

能夠感受到今天發生的「開心事」就可以獲得幸福，所以我們要提升「收集正能量的能力」。為了訓練正向思考的能力，我推薦撰寫「3行正能量日記」這個方法。

「3行正能量日記」的寫法非常簡單。只要在睡前15分鐘內、即將就寢的時候，寫下3件「今天發生的開心事」，就可以了。

一開始不必寫得太長，將3件事各寫1行，總共3行就行了。大概3分鐘就能寫完，時間上的負擔也不多。

「3件好事」的效果

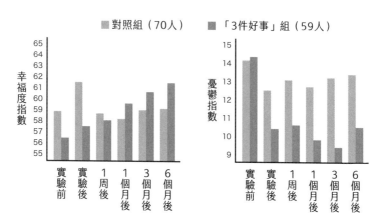

馬丁・賽里格曼（2005）

　　養成習慣後，一次撰寫超過3件事也可以，不一定一件事只寫1行，3行、5行或者更長都無所謂。回想「開心事」的細節，鍛鍊正向能力。寫完「3行正能量日記」，想想其中「最開心的事」，帶著愉快的心情躺進被窩，就能保持正能量入睡。

　　3行正能量日記之所以有效，有三項根據：


```
根據
1    幸福心理學的研究結果
```

　　「3行正能量日記」源自「3件好事日記（three good things）」的正向心理學技巧，我又稍事將它修改為樺澤的版本。「3件好事日記」是美國心理學會會長、正向心理學創辦人馬丁・賽里格曼（Martin Seligman）所提倡的訓練，目的在於提升幸福度。許多研究結果都非常肯定其效果。

　　我簡單介紹一下賽里格曼博士的研究。受試者要每天寫下「3件好事日記」，為期1周。實驗前與經過1周的實驗後，都進行「幸福感」及「憂鬱症狀」測試，之後繼續觀察6個月。

　　令人驚訝的是，短短1周的活動，受試者的幸福度分數從56分提升到58分，6個月後更上升到61分。憂鬱指數也從實驗前的14分，在1個月後降至10分，效果更一直持續到6個月後。

　　短短一周，只是寫下「3件好事」，幸福度程度就提升了，憂鬱傾向也改善了，即使之後沒有再寫，6個月後實驗的效果仍繼續維持著，這樣的結果令人嘖嘖稱奇。許多研究發現「3件好事日記」可以提升自我肯定、幸福度與心理韌性（心靈復原力），改善「憂鬱」，使心情開朗。

　　每天寫「3行正能量日記」看似麻煩，只要先嘗試寫「1
周」，先不管其他，寫就是了。賽里格曼博士與其他實驗都
強調，只要「1周，每天寫」，就可以看到幸福度提升的效
果。

　　順帶一提，有另一項對1000名日本人進行的研究，讓他
們以1周2次的頻率、為期1個月寫下「3件好事」，並未出現
顯著的效果。可見「1周2次」的效果不彰。所以一開始請一
定要堅持每天、1個星期的時間頻率，認真地執行。

> ### 根據 2　睡前15分鐘的記憶

　　「3行正能量日記」需要在「睡前15分鐘以內」完成，
更精確地說，洗臉刷牙後、「即將就寢」前是最合適的時
機。

　　「寫完馬上躺進被窩，在回想一天的美好中入睡」這點
很重要。寫完正能量日記，就不能再去滑手機或是看電視
了。

　　睡前15分鐘被稱為記憶的黃金時間。睡前思考的事情，
不會引起「記憶衝突」，可以被牢牢地記在大腦中。簡單
說，就是讓睡前的思考直接變成記憶。

所以，如果在完成「3行正能量日記」後又去滑手機或看電視，效果就會減半。

許多人總會在睡前想起「今天遇到的糟糕事」與「不安」，帶著負面情緒入睡，讓「失敗的自己」「無能的自己」都留在記憶裡，導致自我肯定感不斷流失，最後變成一個「真正無能的自己」。

請不要再這樣下去了，試著把今天發生的「開心事」寫在紙上，帶著美好的心情入睡。人不能同時思考兩件事，只要我們一直想著「開心的事」，就能把「痛苦」「不安」趕出大腦。

就算一天發生了9件「痛苦的事」，只要有1件「開心的事」，想著這唯一的「開心事」入睡，大腦就會記得「今天是開心的一天」。

堅持1個月、1年、10年、50年，會怎麼樣呢？你的記憶中都是「快樂的人生」。

帶著「開心」的心情入睡，每個人都能感覺幸福。無奈大家都想著「辛苦」「痛苦」的事，每天把「不幸的記憶」安裝到大腦裡。

你想要變得「不幸」還是「幸福」呢？

你的幸福就取決於睡前15分鐘的習慣，以及睡前的情緒。

根據 3 結果即是一切——峰終定律

為了還在懷疑「3行正能量日記」效果的人，我再介紹一個有名的定律。如果我的話不能相信，諾貝爾獎得主說的話，就沒有疑慮了吧。

諾貝爾經濟學獎得主，丹尼爾·康納曼（Daniel Kahneman）博士提出的「峰終定律（Peak-End Rule）」，說明人類的記憶對於事件的「高峰」與「結尾」會有著較深的印象。換句話說，我們對於某一件事的印象，幾乎取決於事件的「最高峰」和「結尾」。

舉例來說，我們到一家高級餐廳用餐，「真是太好吃了！從來沒吃過這麼美味的東西！」，但即便是如此美好的經驗，結帳時如果出了什麼差錯，難得的興致就會被破壞了。「結局好，一切都好」這句話在心理學的概念上是完全正確的。

以「峰終定律」來看，決定今天一整天印象的會是什麼呢？那就是一天之中「最開心的事」和「睡前的情緒」。

換句話說，回想今天「最開心的事」，沉浸在這個「開心」的情緒中入睡，「辛苦」「痛苦」的印象就很難留在記憶裡，負面的體驗就會全部一筆勾消了。

峰終定律

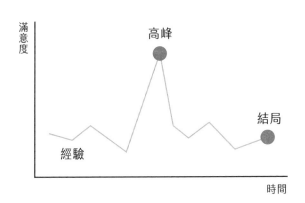

印象全憑高峰和結局決定。引用自丹尼爾‧康納曼博士之研究。

　　可惜，世上許多人都在負面事情上用了「峰終定律」。總是回想「最難過的事」，帶著痛苦的情緒入睡，再有什麼開心事，幸福感也全被歸零了。只有「最糟的一天」留在記憶裡，日復一日……過著「最糟的人生」。

　　你該不會還在睡前想著「負面的事」，帶著「不安或擔憂的感覺」入睡吧？

　　如果還不相信，可以試著寫「3行正能量日記」，只要10天就好，想著「開心」的事入睡。你會發現日常生活中到處充滿著「正能量」「開心事」，幸福度也會跟著直線上升。

正能量日記的具體範例 🙌

正能量日記具體而言該怎麼寫呢？我們可以參考一些具體範例，會比較容易理解。

我主辦的學習社群「樺澤塾」有一個「輸出挑戰」的環節：「3行正能量日記挑戰」。學員們要挑戰「連續10天」寫3行正能量日記。

以下是我從參加的學員投稿中，挑選出一些值得參考的範例，可以看看他們10天下來發生了什麼變化與感想，以及具體的寫法。

可能還是有人懷疑正能量日記的效果，接下來我將介紹一些參加「正能量日記挑戰」的學員，請他們分享進行10天後的變化、效果及感想。

正能量日記的具體範例

1 金子和俊

（1）搭電車回家途中利用時間看了心理學。
（2）回家後跟女兒聊了很多。
（3）晚餐是好久沒吃的關東煮。真好吃。

（1）收假了，可能假期睡得不錯，身體感覺很好。
（2）工作進行順利，可以早點下班。
（3）晚餐的壽喜燒真好吃。

（1）晨間散步途中，看見遠方的富士山，真美。
（2）感謝今天也是健健康康！
（3）很早就回到家，跟家人一起吃手卷壽司。好吃！

【總結10天的正能量日記】
「很好的事」：睡眠充足，沒有不安的情緒。
「改變的事」：開始注意一些細節，學會樂觀看待事物。
「感想」：不可能每天都只有好事發生，如果有心煩的事，就想著今天
　　　　　午餐真好吃，或是還好身體很健康、下班回家與家人開心聊
　　　　　天等，雖然都是很小的事，但睡前寫下3件好事，真的是很好
　　　　　的精神安慰。心情的起伏果然要看我們關注什麼。我覺得配
　　　　　合晨間散步，效果真的很大。

【正能量日記的訣竅】
#3行正能量。一開始可以像這樣「一項寫1行」。想到什麼就簡單寫下
　來，應該花不到3分鐘吧。
#建議可依「健康」「人和」「工作、學習、成就」來平均分配。想著
　「三種幸福」寫下的正能量日記，就已經收穫「三種幸福」。我們會

更清楚意識到自己很幸福。

2 鶴田正志

（1）跟平時不太喜歡的同事一起工作，發現他其實沒有那麼討人厭。
（2）主導會議進行，過程順利，收集到許多中肯的意見。
（3）重訓很開心，今天完成了腹肌滾輪80次，深蹲200次。

（1）早上起床就看到小女兒的滿臉笑容，可愛極了。
（2）驗血結果很好，應該是改善日常生活的功勞。
（3）今天也當了好兒子，要保持下去。

（1）出門上班，當作晨間散步10分鐘，有點冷，但是我喜歡這樣。
（2）選上新的專案成員，是我一直想做的領域，真的好開心。
（3）跟清潔人員說了聲「謝謝」。

【總結10天的正能量日記】
躺下後比較能早點入睡，感覺睡眠品質也變好了。每天睡醒精神也很好。
會開始探尋正能量的事物，與人相處變得柔軟，假日也不會窩在家裡，積極外出。
繼續改善生活習慣。為了寫正能量日記，努力改變生活習慣，睡眠、運動、晨間散步等，定期到醫院回診，血液檢查的數據也都有所改善。

【正能量日記的訣竅】
「主導會議進行」、對清潔人員說「謝謝」等主動的行為，還有為正能量事物刻意為之的舉動，都非常值得讚揚。
主動「重訓」「節食」「戒菸」等，只是寫下「今天都做到了」，就能提升動機，繼續保持下去。
「健康」「人和」「工作、成就」三種幸福都寫到，做得很好。

3 中村大地

（1）家附近新開一家漫畫咖啡廳，我也去湊湊熱鬧。主廚竟然是在學的高中女生，感覺好新奇，好嗨喔。

（2）難得做一次甜點，做甜點必須很專注，還要心平氣和。很正念呢！

（3）繼續研讀房地產經紀的書，這麼枯燥的書我竟然也讀得下去，厲害了我！

（1）看了樺澤醫師的講座影片：得到幸福的方法，總算明白「沒有健康就沒有真正幸福」的道理。

（2）在咖啡廳讀房地產經紀的書，專心了好久呢！幹得好！

（3）晨間散步時看到田裡冒出煙來，原來是水蒸氣，好難得的景觀。

（1）參加戲劇社團的線上會議，能和大家熱烈討論，很開心。

（2）手工做了一些包扣，比以前都做得好，應該是技術進步了。好高興。

（3）一邊看最新一期《黃金神威》（ゴールデンカムイ）漫畫，一邊騎健身車。健康與娛樂一舉兩得，很開心。

【 總結10天的正能量日記 】

比以前感受到更多幸福，應該是因為意外發現自己其實還滿享受人生的。另外，睡前沒有負面情緒，不用擔心明天的事，所以睡得很好。

【 正能量日記的訣竅 】

「很棒喔！」「厲害了我！！」，稱讚自己是非常好的方法。這樣就能提升自我肯定。

「好開心」「很高興」，直率地表達自己的情緒，說出來就能帶動愉悅的情緒。「好興奮」「心跳好快」之類的表現也很好。

同一件事反覆記述可以加強大腦記憶。「研讀房地產經紀的書」寫了好幾次，可以加強「繼續讀下去」的意願，有助保持動機。

4 木下孝彥

（1）上班兼晨間散步途中感受微風吹拂，樹葉搖曳，特別穩定心情。

（2）時隔幾個禮拜，工作難得準時完成。

（3）工作提早完成，到咖啡廳坐坐，點了最喜歡的黃豆粉豆漿拿鐵。偶爾下班還能悠閒地享受一下，真不錯。下次也要準時完成工作，拚了。

（1）新冠肺炎的感染者遽增，提醒自己不要過度緊張，照著平常的作息，好好睡覺、運動、晨間散步，自己調整好身體才是。

（2）遇到故意刁難的同事，不過已經可以一笑置之了。

（3）晚餐的西京燒真好吃。

（1）工作不順，勸自己不用太在意，總有不能盡如人意的時候。

（2）負責總結會議結果，還好事前準備充足，才能準時交差。

（3）下班回家喝杯啤酒是最棒的享受。

【總結10天的正能量日記】

每天要找3件正能量的事，還真是不簡單。不過，學會正面思考，就算在公司遇到不愉快，也很快就能釋懷。睡前正向思考真的很有幫助。

【正能量日記的訣竅】

「工作又如期完成」或是「要繼續保持下去」「明天也要努力」等，寫出對明天的「宣言」「決定」是非常好的方法。很多人每天「下決心」很多事，但往往都無疾而終。

對職場的不愉快一笑置之。單單放過負面的事情，就已經轉換成「正能量」了。

「晚餐的西京燒」「下班喝一杯啤酒」等，對這些日常生活中微不足道的事感覺幸福是很美好的。寫正能量日記不需要了不起的幸福，這種「小小的幸福」就夠了。

5 築紫悠

（1）今天超級忙，還好充分休息夠了。上次完全不休息一直工作導致累
　　垮，學到教訓了。
（2）休息時間看看書，做做筆記，轉換一下心情。
（3）做了好吃的三色蓋飯，家人也都很喜歡。開心。

（1）幫孩子剪了妹妹頭，挑戰成功。很好看呢。
（2）很開心看到部落格的讀者反饋，謝謝大家。
（3）對老公說辛苦了。

（1）一位學弟說「我也想一起去看電影」。
（2）對患者誠心以對，得到許多感謝，希望能一直保持下去。
（3）差點打翻飲料，還好女兒提醒我「媽媽，小心喔！」，好乖的孩
　　子。

【總結10天的正能量日記】
一直都有寫正能量日記的習慣，但是從來不曾再拿出來看。重新再讀這
10天的正能量日記，回想這幾天過得很愉快、很充實。
以前認為對過去和未來都要做最壞的打算，現在發現不必那樣負面思考
也可以活得好好的。不再寫負面的事情後，就沒有揮之不去的記憶，不
愉快的事也很快就釋懷了。
只是一天寫3行正能量的事，大家都可以變得幸福。

【正能量日記的訣竅】
3行正能量日記也可以寫得長一點，但是一開始可以不用寫太長。一個
　項目寫1、2行就好了。內容長短不是重點，重要的是持之以恆。
「媽媽，小心！」聽到孩子的一句提醒，就覺得很幸福。仔細觀察，
　日常生活中一定有讓人覺得很安慰的「簡單一句話」。適時捕捉這些
　小片段，也能提高「發現幸福的能力」。

對老公說「辛苦了」。好好地「休息」。這些看似普通的行為，也是一種「小確幸」。這種「小小的挑戰」，每個人都可以隨時開始。

正能量日記的效果

● **變得比較能關注正向事物　關澤翼**

開始寫正能量日記之前與之後，對事物的思考方式改變了很多。基本上都變得比較正向。以前關注負面比較多，正能量日記竟然能讓我改變，真令人驚喜。正能量日記真是太厲害了！尤其是心理疾病患者，真心推薦這個方法。要說到底好在哪裡，我學會關注正向事物，同時又可以輸出，一舉兩得。藉著寫正能量日記，我變得更好了，所以勸妻子和朋友都試試看！我也會繼續寫下去。

● **不安與壓力減少了　靜修平**

為了寫正能量日記，我開始特別留意愉快的事情，現在很小的事就能讓我開心，感覺幸福。回想正向事物作為一天的結尾，讓我的心神安定，提升幸福感和動機。現在睡前不會再去想負面的事，所以也不再感覺焦慮或壓力了。寫日記其實沒什麼負擔，而且收穫多多，今後我還要繼續寫。

● **正能量發現能力提升了　中島稔**

自從開始寫3行正能量日記，我感覺自我洞察力和正能量發現能力提升了，今後也會每天睡前寫一寫。

● **變得能經常意識正能量　後藤伸之**

與晨間散步一樣，寫日記輸出，我開始每天刻意尋找正向的事物。除了寫，我還會回想起那些開心的事。不只睡前，半夜醒來也還能感受到白天的效果。

- **改掉負面發言　高橋伸吾**

我改掉負面發言的壞習慣，也學會在日常生活中尋找正能量，越來越容易感受幸福了。

- **早上起床很有精神　佐藤優子**

早上睡醒精神很好，帶著好心情一一進行早晨的各項準備。另外，每天都會在日常生活中積極尋找正能量。

- **幸福度提升了　澀谷正仁**

用正能量的詞語做為一天的結束，幸福感提升了。養成回顧一天的習慣，想著開心的事入睡，隔天睡醒也很舒服。

- **不僅意識，行動也變得正向　小野徹**

只是寫寫正能量事物，意識也自然變得正向思考。因為要逼自己尋找寫日記的題材，變得會關心一些微不足道的小事。非寫不可的念頭→正面思考→行為都變得正向！！意識真的能改變行為，實在驚人。

- **學會「自己找開心」　小山友惠**

曾經苦思今天發生過什麼，想不出可寫的題材，但還是硬著頭皮寫了。沒有開心事，就自己想辦法開心，現在我會出門散步，積極面對每一天的生活。

- **情緒穩定下來了　奧原正宏**

寫3行正能量日記，沮喪、生氣都變少了。

- **感覺一整天很充實　新井繪美**

因為正值育嬰假期間，整天在家的時間比較多，常常發現好事，我現在覺得一天過得很充實。

● **得到同伴的肯定　古澤通代**

我每天都會上Twitter貼文，以為沒有什麼好緊張的，但想到要真正見面，或是見到曾經遠距對話的人時，還是要裝模作樣一番。有一些追蹤者也被我感化，開始寫正能量日記。真的很開心。輸出好事，就自然能吸引志同道合的夥伴。

● **開始從日常尋找幸福　岩田及子**

每天都在探尋各種令人興奮的事物，還曾經為此而意外受傷，但每天都過得很開心。自己的改變就是，一發現有什麼好事，就趕緊拿出筆事本寫下來，或是觀察生活中有什麼開心事。

● **變得開朗面對生活　真中有紀**

每天的生活變得很開朗。這都要歸功於回想正能量做為一天的結束，讓我真實地感受一天的幸福。持續回想正能量事物，我感覺自己的人生真的很幸福。只是稍微改變生活習慣，竟然能改變人生，讓我非常驚訝。今後也要繼續保持這個幸福的習慣。

參加「正能量日記挑戰」的人數有46人，以下圖表總結參加者自身體會的效果。

♥ 正能量日記的效果 ♥

(1) 提升正向能力

- 發現每天都有開心的事情發生
- 不僅思考，行動也變得很正向
- 負面想法變少了

(2) 改善睡眠

- 很容易入睡，也能熟睡
- 早上睡醒感覺精神很好

(3) 情緒穩定

- 可以控制怒氣
- 不安或焦躁變少了

(4) 幸福度提升

- 能夠感覺幸福
- 每天變得開朗、愉快

　　一天3到5分鐘，短短10天就可以帶來這樣的效果，這就是「3行正能量日記」。加強正向思考，學會在每天的日常生活中發現小幸福。結果每天都能感知「幸福」，每天變得快樂、開朗。不花任何時間和勞力，短時間就能得到幸福的方法，還有什麼比這個更厲害的呢。

「道人是非」會使人變得不幸

　　「3行正能量日記」是加強「正能量觀察力」「發現正能量」的訓練。

　　總是關注自己或別人負能量的人，也就是「負能量觀察力」強的人，不管有多少開心事，他也只會注意「唯一一件負面的事」（難過、痛苦）。因此，無論如何改善工作或生活，他們也很難體會充分的「幸福感」。

　　實際上，許多人每天都在鍛鍊自己的「負能量觀察力」，那就是「說別人的是非」。

　　一群媽媽朋友聚在咖啡廳，大肆說起先生或老師的「壞話」。到居酒屋喝一杯的上班族們交換上司或公司的「八卦」。這些「是非」，真是有百害而無一利。

　　又或者說，只要還一直說這些壞話，你就得不到「幸福」。讓你周圍的「幸福」遠離的咒語，就是「壞話」。

　　鍛鍊對他人的「負能量觀察力」，也會不自覺對自己發揮起「負能量觀察力」。發現自己「外型」「個性」「說話」負面的部分，降低自我肯定，出現「我怎麼這麼差勁」等念想。

　　有研究發現喜歡說別人是非或八卦的人，會折壽5年。如果這樣可以消紓壓力，壽命應該是延長才對。許多人相信「說別人壞話」就是「發洩壓力」，其實完全是反效果。

　　這種行為看似攻擊別人，結果卻反而降低自我肯定感，增加自己的壓力，甚至讓自己健康惡化。愛道人是非者，終將失去別人的信任和尊敬，最後喪失「人和」。在職場得不到信任，工作也不能成功。

　　道人是非，會讓血清素幸福、催產素幸福、多巴胺幸福全部丟光。

　　你要停止道人是非，還是要放棄幸福？

　　別人的是非說得越多，「幸福」就離你越遠。

♥ 獲得血清素幸福的方法7：
緩急事宜的三個習慣

　　為了變得幸福，懂得「事有緩急」的道理是非常重要的。

許多人以為「拚命努力就能成功」，這樣的想法完全是錯誤的。犧牲睡眠、努力不懈、拚死工作。前方等著你的，是「生病」。具體地說，就是身心症、癌症、腦中風、心肌梗塞等慢性病。

身心科，可以說是「做牛做馬」最後的終點。身心症患者很多都是非常認真、拚命的人。為公司犧牲自己，工作賣力到讓人驚訝的地步。換作是我，那種黑心企業，早就辭職不幹了。認真、拚命的人不輕言放棄，耗盡自己，直到罹患了「憂鬱症」。

患有身心疾病的人，不懂「事有緩急」的道理。只想著踩油門就能前進，沒想過要踩剎車。結果，碰到彎道來不及轉彎，最後釀成車禍。

在工作或運動上，想收獲「豐碩的成果」，「持之以恆」才是最重要的。人生就像是跑馬拉松，長距離才能見輸贏。全程使盡全力，以為可以撐到終點，結果才跑10公里就被淘汰了。

不偷懶，也不超速，有緩有急，照著自己的步調不停下腳步，最後才能得勝。

所謂緩急事宜，就是聰明地切換「開」與「關」

「緩急適宜地工作」是什麼意思呢？

白天全力以赴，傍晚好好放鬆，夜晚睡個好覺，這就是緩急適宜的一天。或者是，工作沒辦法一天完成，星期一到星期五全力以赴，星期六、日（周末）好好休息，這樣也算是取得平衡。

假設有一把弓，把弦拉緊再放開，就會彈回原位。但如果將弦越拉越緊，最後就會拉斷；或若是一直保持緊繃，弦也會失去張力、變得鬆垮，無法恢復原狀。

正常的物理現象，用在人的神經也一樣，緊張完就要鬆弛，只要能好好地「鬆弛」（放鬆），就可以應付接下來的「高度緊張」「高度壓力」。

如果我們一直緊張，毫不鬆懈，精神的線就一定會在某個時候無預警拉斷。

很多人推說「因為很忙，沒時間放鬆」，睡前2小時也好，好好地放鬆，睡眠可以更深沉，消除疲勞的效果也會完全不同。

♥ 放鬆的方法有很多 ♥

視覺　蠟燭　閱讀
溫覺　泡澡
嗅覺　香氛
觸覺　按摩
重要的是 **放鬆**
悠閒從容
睡前2小時怎麼過
聽覺　音樂　環境音
溝通　夫妻　親子　寵物
輕度運動　伸展
無心　冥想＋正念　放空
回顧　寫日記

> **緩急適宜的習慣 1**　把休息當作「充電」

很多人沒事可忙開始感到就坐立難安。

「昨天一整天什麼都沒做，無所事事。有沒有什麼方法可以不要無所事事？」常常有人來問我。我認為「無所事事過一天」是很棒的時間利用。根本是終極的放鬆。有什麼不好？有的時候，這樣過也很好啊。

然而，許多人對於「無所事事」會有罪惡感。非得像倉鼠那樣動個不停才能安心。

那麼，把「休息」想做是「充電」怎麼樣呢？手機電量低於一半時，我們都會急著「充電」。能量變少了，當然要充電。不只是手機，人也一樣。

如果不充電，手機滑著滑著，很快就會沒電。人也是一樣，想要長時間高強度地工作就一定要「充電」。

放鬆、放空、什麼都不做、無所事事，都是非常好的「充電」時機。

> **緩急適宜的習慣 2** 動態性幸福與靜態性幸福要平衡

血清素幸福、催產素幸福指的是「安心」「內心平靜」「放鬆與療癒」等感受，也可以說是「靜態性幸福」，「放鬆型的幸福感」。

多巴胺幸福是令人想高喊「太棒了！」，帶著激昂感的幸福，也可以說是「動態性幸福」「興奮型的幸福感」。雲霄飛車等帶有緊張的腎上腺素性幸福，也是「興奮型的幸福」。

「靜態性幸福」與「動態性幸福」的平衡很重要，所謂緩急適宜就是「靜態」與「動態」的均衡。

一整天緊湊地工作（多巴胺幸福），下班回家和家人在

♥ 幸福必須平衡 ♥

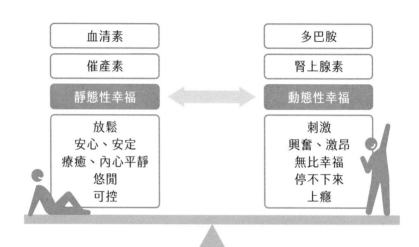

一起、泡澡放鬆、睡個好覺（血清素幸福、催產素幸福），如此緩急適宜地生活，「三種幸福」自然會取得平衡。

常有人問我：「只要擁有健康和親愛的家人，即使貧窮也會幸福嗎？」

答案是「Yes」，不過，「如果可以的話，有錢就更幸福了」。

很多人以為「親愛的家人」與「財富」只能擇一，事實上是可以兩全其美的。

得到「靜態性幸福」的狀態，就像是汽車加滿油。

加滿油之後當然要奔馳一番，否則豈不可惜。盡情地向

前衝刺，汽油減少了，再補充就好。只要再加油，想去哪就
能夠去哪。

　　但是，現實社會中，不知道為什麼，許多人都忘了加
油，結果缺油又急著抵達目的地，就超速發生車禍。

　　「靜態性幸福」與「動態性幸福」均衡地向前邁進，就
可以兩全其美。你就可以得到「健康」「人和」和「成功」
三者全拿的幸福。

> **緩急適宜的
> 習慣 3**　到大自然中生活

　　話說回來，還是有人覺得「工作實在太忙，沒辦法做到
緩急適宜」。還是有一個方法，能讓遇到這種情形的人強制
進入放鬆模式。每月1天就好，請到大自然裡走走。

　　芬蘭的研究報告指出，「1個月裡有5小時以上在大自
然中生活，能大幅減輕壓力，使大腦活化，提升記憶力、創
造力、專注力與規劃能力。還有預防憂鬱症的效果」。

　　這是借助大自然的力量，提升記憶力、專注力、創造
性──也就是說，有助於工作或讀書的成功，得到「多巴胺
幸福」。在大自然中放鬆，還能預防疾病，獲得健康（血清
素幸福）。

與家人或朋友去露營、健走，又能拉近彼此的關係（催產素幸福）。換句話說，每月1天或2天，只是走進大自然，「三種幸福」就可以全部到手了。

大自然帶來的幸福效果，最棒的就是不必特別做什麼，可以說是要獲得幸福最容易的方法。

我也很愛露營，找一個滿眼綠意的地方，擺好椅子，坐著就好了。拋開日常的雜事，感受生命的美好，轉換心情的效果勝過一切。只是坐在大自然裡就得到幸福，還有什麼比這更簡單？

大自然之所以療癒，根據最近的研究發現，是因為森林裡充滿著「負離子」，還有植物散發出來的「芬多精」，那正是治癒動物和人類的放鬆物質。

自然豐富的國家幸福度更高

在前言裡我曾經介紹過幸福度的世界排名，前10名國家有一個共通點。芬蘭、丹麥、瑞士、冰島、挪威、瑞典、紐西蘭、澳洲……等，都是自然豐富的國家。荷蘭給人的印象比較都市，但市區像是「花圃」一般，到處都種著花，驅車15分鐘左右，就能看到廣闊的大自然風景。

自然豐富的國家，幸福度也高，一點都不誇張。實際

上，北歐人一到周末，就會到山區散步、健走、登山，在大
自然中遊玩，是他們最大的娛樂。

夏天到山中小屋或露營，整家人在山裡度假一個月，是
他們暑假的固定行程。

最近因為新冠疫情，流行起「露營」。一家人同心協力
架帳篷、分擔做飯、孩子們也都來幫忙，是最適合家人交流
的活動。

日本國土有90%是山地，海洋、河流、山區，車程不到
1小時的距離就會有豐富的大自然。開車也好，搭電車也
好，不用出遠門，走進美麗的大自然，就看你想不想「馬上
出發」。另外，不用花大錢也是在大自然裡遊玩的優點之
一。

每月一次，就讓我們走進大自然，提升我們的幸福度。

血清素也守護你的家人

你知道父母的健康狀態嗎？

「健康很重要！健康是幸福之本！」

我這麼說，大家的反應都是：「說什麼廢話，我早就知
道了」。

那麼，我再問一個問題。你看過父母的健康檢查報告嗎？

你的父母長期到醫院看老毛病，你曾經跟他們一起去，聽過主治醫師怎麼說嗎？

「癌症」這種攸關生命的重病，主治醫師要求「請一起來」的就另當別論，大多數人都選擇讓父母自己去看醫生。

事實上，我擔任身心科醫師以來，鮮少有兒子向公司請假，陪母親一起來看「憂鬱症」「失智症」，或請醫師「詳細說明症狀」的。

大家都會說「健康很重要」，但是認真顧慮家人健康的人，卻出奇地少。

為了不陷入長照地獄──「臥床」是可以預防的

不管你自己有多麼幸福，當家人罹患重病時，你的幸福瞬間就消失了。父母一旦「臥床」，你將掉進長照地獄。就算是你的妻子照顧你的父母，夫妻之間很快就會產生嫌隙，所有家人都會陷入低氣壓。

一向硬朗的高齡者，突然變成臥床的情況很少見。一般都會經過「衰弱」的階段，體力漸漸喪失，時間久了，才會變成「臥床」。換句話說，許多臥床的情況其實是可以預防

的。

　　儘管如此，知道這一點的人卻很少，甚至沒注意到自己的父母開始衰弱，或者沒有特別在意。

　　就算自己很健康，若不是全家人都健康，我們也不能幸福。而許多人往往都是遇到家人生病時，才發現這個事實。

　　血清素幸福是「一切幸福」的根基，那裡不能只有「你的健康」。唯有「全家人的健康」都穩固，這個「幸福」的根基才算完整。

　　接下來我要介紹為了家人的健康，你可以做的事。

> 守護家人
> 健康 1　**與父母一起去醫院聆聽主治醫師的說明**

　　我的母親雖然已經81歲了，頭腦還是很清楚，每個星期到舞蹈教室去學新的舞蹈、學大正琴，土風舞也跳了40幾年，還參加過高齡舞蹈大賽。

　　這樣活躍的母親，前陣子左眼突然看不見，做了眼科手術。因為是緊急手術，我沒能趕回去陪她，1星期後才回到札幌，陪母親到眼科回診，聽眼科醫師說明病況。

　　主治醫師大約花了20分鐘，向我們解說電腦斷層的照片，以及手術後視力沒有恢復的理由等，說明非常仔細。我

覺得這位醫師很親切，留下很好的印象。

從醫院回來，母親一直問：「都已經開了刀，視力還不能恢復，真的很奇怪。」「為什麼視力還不恢復？」剛才醫師明明花了20分鐘說明，她卻完全聽不懂。

我要提醒大家注意，高齡者可能聽不懂醫師的說明。

我以為母親的記憶力、理解力應該都很可靠，但一旦超過80歲，對「醫學性的說明」要完全理解是很困難的。這件事讓我有深刻的感觸。

高齡者的健康管理是誰的責任？

「聽不懂醫師的說明」這個事實，符合世上大多數「高齡者」。例如，正在吃抗血壓藥的人，儘管主治醫師叮囑「鹽分要控制」「醬油不要沾太多」，很可能大部分長輩都沒聽懂，沒有照著做。

回到家，吃生魚片或豆腐時，照常沾醬油大快朵頤、高鹽分的醬菜也沒有節制。高血壓當然好不了。

這時候，病情加重應該要怪誰？是「當事人」嗎？還是「（主治）醫師」？我認為這是「家人」的責任。

當事人是高齡者，理解力和記憶力都在衰退，這是沒有辦法的事。主治醫師也是盡量詳細地說明了，診療時間總是

有限。所以我們要經常陪在長輩身邊，認真聽主治醫師的說明和叮囑，還要幫忙當事人執行。這些事，只有家人才做得到。

> **守護家人**
> **健康 2**　盡可能實際觀察父母的生活

盡可能與家人團聚，話家常，感受家人的「健康」很重要。

如果是獨居的長輩，時常關心他「有沒有正常採買」「是不是自己做飯」「有沒有跟朋友或其他人聯絡」等等，這些「行動」都是觀察的指標，由此可知他的生活狀況、健康狀況。

例如，看看冰箱，就知道有沒有出門採買，觀察廚房，可以看得出是否每天煮飯。有沒有倒垃圾、打掃，稍微觀察一下屋子裡的環境，就可以得知。

這裡說的與父母見面，不只是單純見面，或是帶孫子回來玩而已，要觀察「父母的健康」，生病或是徵兆等異常都可以早期發現。

> 守護家人
> 健康 3 　親自查看健康檢查的結果

　　當父母病逝後，整理遺物時才發現，過去的健康檢查報告好幾年前就已經出現了「異常數據」，當時卻沒有去醫院就診的形跡。也就是說，出了狀況也沒有再去檢查或治療，一直擱置著。

　　如果在幾年前就去進行詳細檢查，或許就能早點發現了。

　　健康檢查出現異常數據，卻沒有進一步因應，放著不管的人非常多。糖尿病或高血壓，如果初期就發現，好好改變生活習慣，病情是可以改善或者防止惡化的。

　　然而，大多數人就算聽到「血糖有點高，要注意喔」，還是不肯運動，也不控制飲食，繼續暴飲暴食。糖尿病當然一直惡化下去。

　　話說回來，你的父母有沒有定期進行健康檢查？你是否有確實掌握消息？有沒有看過他們的健康檢查報告呢？

　　如果數據異常，就要更詳細檢查。或是像高血壓，高血糖，必須改善生活習慣的疾病，也要半強迫性地要求他們執行。

　　高齡者常常推說：「反正都這把年紀，生病也沒什麼

啦」或是「我又不想活太久」。許多高齡者對於「預防」及
「早期發現」，態度完全不積極。

正因為如此，家人才應該要確認檢查報告，帶他們去醫
院，從旁協助他們。你的父母一旦臥床或者需要看護，傷腦
筋的還是你。父母如果沒有錢，醫療費、住院費、長照設施
的費用等，都是當子女的你要負擔。

> **守護家人**
> **健康 4**　**不要相信當事人說的「不要緊」**

你的身邊應該有這種人。最近突然爆瘦的、黑眼圈很嚴
重又表情呆滯的，怎麼看都是生病的樣子。

你如果關心一下：「還好嗎？你看起來很累」，他們幾
乎都回答「不要緊」。千萬不要相信他們說的「不要緊」。

疲態明顯，卻說「不要緊」，明顯不對勁。如果對方回
答：「最近工作很忙，很疲勞啊。我覺得應該要好好休息一
下。」這表示他充分掌握自己的身體狀況，有意識到「應該
做點什麼」。「自我洞察力正常」，有疾病意識的狀態，還
不算危險。

但是，明明樣子就不對勁，卻說「不要緊」，那就是逞
強了。換句話說，他搞不清楚自己的狀況到底是好還是不

好。還有，人都有「愛面子」的心理，不想讓別人看見自己不好的樣子，實際狀況可能更嚴重。

以我的經驗，總是說「不要緊」的人，病情已經相當惡化，多半都是必須立刻治療的狀態。

「有沒有去醫院？」「沒關係。」

「有沒有好好吃藥？」「不要緊。」

這些都不能相信。

把藥袋拿出來看看。一般處方藥都會開立4周分量，如果處方日期標示為2個月前，那就表示沒有他每個月按時回診，藥也只吃了一半。

> 守護家人
> 健康 5 　一起散步

睡眠、運動、晨間散步的重要性，我在第94頁也提到過。高齡者最需要注意的就是「運動不足」。

一整天都沒有外出（從家裡去到外面）的人，肯定是運動不足。附近的便利商店也好，超市也好，出去採買，假設一趟路10分鐘，來回20分鐘，再加上購物的時間，也走了將近30分鐘。每天一次，只是出個門，運動時間至少也有20分鐘。

高齡者常嚷嚷「腰痛、膝蓋痛」「很累」，總之就是找藉口，逃避外出或散步。因為區區20分鐘的散步，他們都覺很辛苦。很可能是「虛弱」，也就是說，已經出現「臥床的徵兆」了。

不要命令他們「去散步」而是「我陪你去散步」

就算建議高齡者「每天散步20分鐘」，恐怕沒有人會主動去運動。講100次也沒用。我從事身心科醫師以來，看過的高齡者已經數不清了，我總是叮囑「要運動喔」「去散步喔」，能夠回答「我都遵照醫師說的好好運動！」的病人，可能一個高齡者都沒有。

那到底該怎麼辦呢？

請家人陪他們去散步。媳婦或女兒出門採買的時候，帶高齡者一起去。這應該很容易執行。或者帶孫子去散步，也可以在公園玩一下。

不良於行，沒辦法散步、容易發生危險的話，我建議去「日照中心」。「日照中心」會依照長輩的運動能力，安排健走機或是體操等讓身體活動，算是強迫他們運動。

「自己有計畫地運動」，對健康的成人來說都很困難了。

　　還有一點，運動對預防失智有絕佳的效果。一天20分鐘
的散步，阿茲海默症的風險就能減低一半。

　　想要預防自己的父母變成「失智症」或是「臥床」，只
能讓他們增加運動量了。

專欄 **當我發現「健康」很重要時**

• 身心科醫師因為壓力而生病

　　身為身心科醫師，我經常推廣預防心理疾病及自殺的資訊，但其實剛開始當醫生時，我並不是特別關注「健康」與「預防」的重要性。因為某個契機，我才意識到「健康」的重要。

　　時間要回溯到28年前。那是我成為身心科醫師的第三年（28歲），當時在醫院的身心科服務。

　　上午的門診要看幾十位病患，下午是病房巡診，時不時還要應付急診和內科病房的呼叫。有時候與病患談話到一半，也會接到緊急電話。傍晚5點，診療結束後，出席醫院內部的會議或委員會，有堆積如山的診斷書和出院病例要讀。這些都結束，才終於能喘口氣，拿出自己的書或學術論文，寫論文等等，開始自己的「研究」。

　　回到家都是10點、11點多，有時候一天甚至工作14小時。

　　當時我在北海道旭川的醫院服務。冬天的旭川非常

冷。2月天將近零下10度的低溫持續1個星期是經常的事。有一天早晨睡醒，注意到自己在耳鳴。「可能是因為冷吧」，就沒理會，之後耳鳴卻一天比一天嚴重。聽病患說話時，耳朵裡面「嗡嗡」地有回音。

漸漸開始輕微的「暈眩」，我心想「不對，我一定是生病了」，趕緊上耳鼻喉科檢查。

檢查結果是「突發性聽障」。我問耳鼻喉科醫師：「原因是什麼？」他說是「壓力」。

身心科醫師竟然因為壓力而生病。

耳鼻喉科醫師說：「放著不管，聽力漸漸喪失也是有可能的」。我大受打擊。聽別人說話是身心科醫師最重要的工作，聽力喪失，我的工作也完蛋了。「這可不妙！我得想想辦法。」

說到「突發性聽障」，歌手濱崎步也曾經罹患這種病，如果不早期治療，耳朵很可能會完全聽不見，相當可怕。

身為醫師，每天看那麼多病患，卻忘記「過勞會生病」這麼理所當然的事。

那天開始，我改變了生活方式。以前可能是壓力大，喝酒不太節制。經常喝到半夜2、3點，早上8點半又

繼續上班。根本睡眠不足，又不怎麼運動。

　　睡眠不足、運動不足、生活不規律、飲酒過量，全都是我現在書上寫的「有害健康的生活習慣」。

　　那天起，我戒了酒，好好睡覺，也按時服藥。盡量早點收拾工作，休養生息，所幸1個星期後，聽力就恢復了。

　　不過，每年一到冬天，我的耳朵就會怪怪的，耳內有回音，或是聽不清楚，突發性聽障的藥還繼續吃了5年多。現在生活習慣都正常了，耳朵也完全好了。

　　當時，我改掉以工作為中心的生活，決心善待自己。重新安排時間的分配和運用，不再靠無節制地飲酒來發洩壓力，把時間用在「自我投資」「自我成長」。

● 血清素幸福完整了……

　　每天被工作追著跑，要安排自己的時間非常困難，但我還是盡量想辦法，維持每個月閱讀20至30本書，每天固定寫一點文章，自我投資、自我琢磨，這樣的生活已經超過15年了。

　　改變生活的結果，我獲得赴美留學的機會，還寫書出版，終於也擠進暢銷榜。

　　血清素幸福完整了，再積極輸入、輸出，大幅度的自我成長，使我也獲得多巴胺幸福。

　　我之所以在YouTube影片及著作中再三強調「預防很重要」「一旦生病可不容易治好」，也是因為我自己曾經歷過突發性聽障，差點失去聽力才有的體會。

　　現在回想起來，在30歲之前就注意到「血清素幸福真正的重要性」，真的很幸運。如果不是這個體驗，我不會推廣「預防」的重要。當時的飲酒量和不規律的生活如果維持10年、20年，我現在應該已經是重症了。

　　「健康」比什麼都重要。血清素幸福是一切幸福的根基。我自己的親身經歷也已經驗證過了。

▶▶ **第4章　總結**

1　調整心靈和身體（睡眠、運動、晨間散步）

2　撰寫3行正能量日記

3　進行正念晨間散步

4　緩急適宜地過生活

5　起床冥想（早晨的健康評估）

6　輸出小確幸

7　走進大自然

第 5 章 # 獲得催產素幸福的
七種方法

能看到別人的優點，是一種幸福。

——松下幸之助

獲得催產素幸福的方法1：
人和

得到催產素幸福最簡單的方法，當然是直接讓催產素分泌，為此我們必須多去感受「人際關係的連結」。

使催產素分泌的因素有許多，我們可以先來認識催產素都在什麼樣的狀況下分泌。

感受與他人之間的關係、使催產素分泌的方法主要有四種：

> **催產素分泌 1**　**肌膚接觸**

與伴侶的交流（擁抱、親吻、牽手、性交）、親子的交流、抱抱嬰兒、撫摸，或是按摩。孩子幫爺爺揉肩、接受按摩等，都是能使催產素分泌的行為。

日本人與外國人不同，不太習慣肌膚接觸。因為新冠疫情，肌膚的接觸又更困難了。但我還是希望大家記得「肌膚接觸」是促進催產素分泌最簡單的方法。

催產素分泌 2　與朋友互動

即便沒有肌膚接觸，透過眼神交會或對話等，心靈相通的交流，也可以促使催產素分泌。因此，與朋友或同伴保持聯繫，維持良好的人際關係是非常重要的。

社群或社團活動等能使人產生有所歸屬的「安心感」，這種「歸屬意識」也能促進催產素。

換句話說，我們要記住，人與人的積極「交流」可以促使催產素分泌。與「交流」「關連」完全相反的狀態，即「無交流狀態」，也就是「孤獨」。「孤獨」的狀態可謂催產素不全，與催產素幸福完全相反。

催產素分泌 3　親切、感謝

催產素又稱為「親切荷爾蒙」。當我們對他人做出了某

種「親切」的行為，「親切的人」與「受到親切對待的
人」，兩邊都會分泌催產素。

　　不只是親切，感謝、貢獻他人、公益活動等，都會分泌
催產素。為別人奉獻是非常好的事。待人親切，自己和對方
都會分泌催產素，得到催產素幸福。這是多麼美好。

> ### 催產素分泌 4　　與寵物互動

　　肌膚接觸或交流能促進催產素的分泌，對象並不只限於
「人類」，與狗、貓等寵物、動物的交流也可以有相同的效
果。

　　撫摸動物、擁抱都非常療癒，毛茸茸的感覺非常舒服。

　　而動物被撫摸時，也會露出舒服的表情，這時，飼主和
寵物都會分泌催產素。

　　另外也有研究發現，與動物眼神接觸就會分泌催產素。

♥ 促使催產素分泌的情境 ♥

(1) 肌膚接觸

與伴侶交流　　親子交流　　擁抱　　按摩

(2) 友情、同伴

對話、溝通　　友情　　同伴　　社團

(3) 親切、貢獻他人、公益

親切　　貢獻他人　　公益

(4) 與寵物交流

獲得催產素幸福的方法2：
消除孤獨

「孤獨」的問題，在少子高齡化加速的日本，已經成為非常重要的社會問題。

年輕人的未婚率增加或晚婚，或是結婚不生小孩的想法相當普遍。另一方面高齡者，伴侶去世後多是獨居。據推算，日本將於2040年，單身戶比例將達到40%。

許多研究發現，孤獨會導致壽命縮短。例如，比起無社會聯繫的人，有社會聯繫的人早期死亡的風險少50%（美國楊百翰大學的研究）。

大家都知道，最影響健康的生活習慣就是抽菸，但是根據孤獨致病的死亡率調查，竟發現孤獨危害健康的程度堪比抽菸。孤獨簡直就是「孤毒」，會「毒害」身體，是非常有害健康的。

因為「孤獨」而失去催產素幸福，也會連帶犧牲血清素幸福的「健康」。

> **消除孤獨
方法 1** 　自己製造聯繫

　　該怎麼避免孤獨呢？該怎麼做，才不會陷入孤獨？

　　與人「聯繫」是要付出心力的。從不跟人聯絡、不與人見面，人際關係就會越來越疏離，漸漸變成「孤獨」。換句話說，我們要在生活中刻意製造「聯繫」，主動積極地建立人際關係，自己拉近與他人的關係，這些努力是絕對必要的。茫然地過日子，不可能偶然認識什麼厲害的人，也不會有人突然來邀約參加「歡樂的活動」。什麼都不做，只是窩在家裡，就會變孤獨。

　　所以，為了與人產生關連，我們要主動、要參與活動。與人聯繫、深交的意識很重要。

　　我的YouTube頻道時不時會有人諮詢「交不到朋友」的煩惱。我的回答是：「朋友不會自己冒出來，要製造機會。什麼都不做，只是靜靜地等待，是交不到朋友的」。

　　朋友不會「自己來」，我們要「製造朋友」。自己主動努力「製造朋友」，就能交到朋友。

　　話說回來，「製造朋友」其實要大費周章。對內向的人來說尤其困難，我會建議他們「不用急著交朋友，先有夥伴就好」！

> ### 消除孤獨
> ### 方法 2　志同道合的夥伴

朋友與夥伴的區別是什麼？朋友是靠「友情」維繫的關係，而「夥伴」則是有「共同目標」的關係。

假設你是高中生，參加籃球社，你是其中一員，其他社員就是「夥伴」。大家對「籃球社」產生歸屬感，互相幫助，彼此鼓勵。或許練習很嚴格，但是一起挺過之後，產生「夥伴意識」，彼此關係更加緊密。「讓我們提升籃球技術，志在奪得地區大賽或縣賽冠軍，大家一起努力！」大家為了「提升籃球技術」這個共同目的，培養同甘共苦的「夥伴意識」。

「夥伴」是由於隸屬於社團而自然產生的。但全體夥伴並不一定都有良好的關係。有關係很好的，也有互相看不順眼的，甚至有水火不容的。一個社團裡有幾個合不來的人其實也很正常。

關係好的人，就會產生「友情」，發展更進一步的友誼關係。夥伴→朋友，是比較容易交到朋友的模式。

製造夥伴最重要的是隸屬於某個社群（集團、團體）。興趣社團、運動社團、同好會之類的。讀書會或「社團」「學校」也是一種社群。加入社群，先增加夥伴，再從裡面

發現「朋友」。

活用社群，是製造朋友最短的捷徑，也是避免孤獨的方法。

> **消除孤獨方法 3** 　畫一個以自己為中心的圓

一開始，參與現成的社群，成為其中一員是最簡單的。但是，最後自己營造社群，以自己為中心「吸引別人」靠近，才是最理想的狀況。

也就是說，「畫一個以自己為中心的圓」，吸引「對自己有興趣的人」「對自己的夢想有同感、贊同的人」。

參加別人的社群，就一定會碰到「與自己合不來的人」，如果發生對立或爭執，很可能演變成交惡。

創造以自己為中心的社群，吸引對自己抱持善意、與自己志同道合的人，相處起來輕鬆自在。個性不合的人，自然會遠離。

例如，我自己有3個社群，分別是「樺澤塾」「網路心理塾」「樺澤紫苑粉絲團‧紫苑Family」。

「樺澤塾」主要是深入探討我的著作和影片內容，是「學習」和「輸出」的社群。這裡集結了許多認真，也很拚

♥ 創造感覺舒適的社群 ♥

描繪以自己為中心的圓

命「學習」的學員，連我這個主辦人都獲益良多。

「網路心理塾」主要是分享訊息給想要成為講師或作者的聚會。已成立12年，有相伴長達10年的會員，會齡超過5年的也很多。

他們秉著「為他者貢獻」的理念，認真學習，學員們主動支援彼此，孕育出好幾位暢銷作家，是日本屈指可數的「學習及成長」社群。每個月舉辦的例會（研討會），是我最期待的一天。

「樺澤紫苑粉絲團・紫苑Family」就是我的粉絲團。透過交流活動，可以與我面對面交談，一起「瞎聊」的社群。

以自己為中心的圓，聚集的都是與自己有相同價值觀的夥伴。大家也算是一起共度人生的同伴，發展互相信任、支持彼此的關係。這如果不是「幸福」，又是什麼呢？

我的「網路心理塾」是400人的大規模社群，不過一開始野心不要太大，可以從3到5人的午餐聚會開始，經營一個10人左右的小型社群，這應該每個人都做得到吧。

擺脫「擔心被討厭」

回想起國中或高中，你是不是曾經為「有沒有人要跟我一組」而焦慮？

窺探組長的臉色，深怕被其他組員討厭，索性壓抑自己的意見，過度迎合群體，只求跟大家一樣。

這樣根本就不是「真正的夥伴」，不是能夠「真心同樂」的同伴關係。只不過是為了平安度過學校生活，各自戒備的同伴，是很令人遺憾的關係。

要不要加入「別人的圓」，或者說能不能獲得允許加入的關係，會讓人神經緊張，徒增壓力。

在「自己的圓」裡，就算發生對立，要走的人也不必挽留。留下來的都是志趣相投的夥伴，成為非常「舒服的社群」。

　　最初需要一點勇氣，自己當發起人，召集5人、10人，組織一個團體或活動。自己試試看就能體會，真的「很開心」「很愉快」。因為不信任你的人，是絕對不會聚集過來的。

　　在這個擺脫「擔心被討厭」的圈子裡，既可以「療傷」，也能「表現自我」，是一個「幸福的空間」。

> **消除孤獨 方法 4**　　**實體交流**

　　說到交流，不久前人們都還是「實體交流」，也就是必須面對面互動的那種。

　　但現在由於網路普及，工作上也多使用電子郵件、簡訊、社交軟體等，又因為新冠疫情，擴大遠距工作的利用，Zoom會議等線上交流，還有LINE、Facebook等網路社群，透過網路進行的溝通以極快的速度擴散。

　　簡單說，實體溝通的時間變少，網路的溝通時間卻大幅增加。

　　那麼，網路和實體溝通，哪邊比較重要呢？

　　兩種溝通都是必要的，這不是二擇一的問題。但我認為，在這個線上溝通遽增的時代，有必要強調實體溝通的重

要性。

　　例如，過去每天都要到公司上班，但有些人因疫情改為遠距工作，1星期只為開會去公司一次。

　　以前1個星期有5天要上班，現在只剩1天。也就是說，實體溝通的時間變成五分之一。每天利用線上作業的溝通以填補不足當然有其必要，但也不能完全取代。

　　這麼一來，所有職員1星期會來一次公司，這一天能進行多少溝通就變得格外重要。不只是工作的洽談、詳細內容的照會、進度的報告等，還要關心部屬的健康以及顧慮人際關係的細節。

　　以前都是在閒聊中適度關心對方，現在1星期只見一次面，不能專心地進行實體溝通，有時候可能會發生誤解、事實不如預期之類的糾紛。

　　實際上，有人因為無法適應遠距工作而陷入「憂鬱」，然而上司卻很難察覺。

　　在現今這個遠距工作的時代，利用Zoom表達意見、遠端溝通固然重要，但偶爾才能面對面的機會，更要把握極短的時間進行「實體溝通」。

不要過度信任網路社群的效果

　　關於實體溝通與網路溝通的比較，一項研究分別將高齡者分為「使用網路社群組」與「實體溝通組」進行調查，發現實體溝通機會多的高齡者較能夠預防憂鬱症，而利用網路社群溝通的高齡者，則無法預防憂鬱症。

　　但也有另一項研究報告主張網路社群有「預防憂鬱症」「減輕孤獨」的效果。

　　到底哪一個才是正確的呢？

　　網路社群是幫助我們溝通的便利工具，對「減輕孤獨」或「加深溝通」肯定比「完全不使用」多一些效果，但是線上溝通終究敵不過實體溝通。面對面談話的安心感、信賴感，有很大的「療癒效果」。實體交流，絕對勝過線上的交流。

　　虛擬實境（VR）的技術日新月異，或許不久的將來，我們就能夠體驗明明遠在天邊卻「像是近在眼前的感覺」。

　　但是以現狀來看，因為線上溝通的日益增多，實體溝通的機會越來越少，我們應該要好好珍惜才是。

> **消除孤獨 方法 5** 不要退休

許多人期待著「退休後悠閒自在地生活」，但我完全不建議。想要防止孤獨、健康長壽的話，就不應該退休。

一旦退休，離開工作，與人見面、說話的機會就會銳減。與人接觸的頻率、對話量、溝通量減少，對大腦的刺激也會減少。

退休的人記憶力會下降25%，失智症的風險也會大幅升高。有研究發現，60歲之後還繼續工作的人，失智症風險每年會下降3.2%，「一輩子不退休」繼續工作，能非常有效地預防失智症。

另外，退休的人與繼續工作的人相比，壽命大約短了5年。退休的人又比還在工作的同齡者患病風險更高，心血管疾病40%、憂鬱症40%、失智症15%，其他還有糖尿病、癌症、腦中風、關節炎等，所有健康問題的風險平均高21%，死亡率也多11%。

退休的人外出機會減少，容易造成「運動不足」。

就算退休，還是可以接受「約僱」，「1星期一天」「1個月幾天」都好，繼續工作。「有工作」＝「參與社會」「在社會上有功用」「與社會有連結」，繼續工作尤其能預

防「孤獨」。

有工作的人會感覺自己「對社會有貢獻」，一旦退休，容易消極無力，自認「自己已經沒有用處」。事實上，憂鬱症的風險會提高40%。

此外，老後有熱衷的「嗜好」也很重要。

有「嗜好」，就一定會有「同好」，也會有定期的「例會」「飯局」，可以與夥伴話家常、交換資訊。玩樂的同時還能預防「孤獨」。

沒有工作，也可以接受一些「委任」，一樣有正能量的效果。經常有高齡者擔任鄰里的職務，這也是對「社群」的歸屬和貢獻，非常有幫助。每個月有例會，接受「有責任的工作」，就是「對社會的貢獻」（催產素分泌），大腦也會受到刺激（防止老化）。

許多人視工作為壓力，但是人們其實是需要「輕度的壓力」和「適度的緊張感」。

獲得催產素幸福的方法3：重新整理人際關係

催產素是因「共感」「信賴」「親近」而分泌的，只要建立能夠得到「共感」「信賴」「親近」的人際關係，自

然就獲得催產素幸福。

實際上，朋友、夥伴、情人、伴侶、夫妻、親子、職場的人際關係、街坊鄰居、媽媽朋友、興趣社團的同伴等，我們都生活在各種人際關係中。

而周圍的這些人際關係，如果是豐富且愉快的，我們的人生自然也是豐富且愉快。相反的，例如職場的人際關係壓力很大，或是夫妻關係爭執不休，我們就會承受無法估計的壓力。這些壓力就是導致「憂鬱」或心理疾病的原因。

經常有人來諮詢「職場的人際關係不好，想要辭職」，我想請問你，為了改善職場的人際關係，做過多少努力？我猜想，應該什麼都沒做吧。

坊間有許多「如何改善職場人際關係」的書，你是否曾經買過，並照著實踐？大部分的人都不會這麼做。

我必須嚴正地說，什麼努力都不做，怎麼可能會有好的人際關係。如果「職場的人際關係糟透了」，你自己其實也有一半責任。

人際關係不會無中生有，不是無端就能培養好。自己要主動關懷對方。沒有努力經營，人際關係是不會從天上掉下來的。

溝通技巧必須靠學習 🙌

　　所以請學習「人際關係」和「溝通」。所幸只要去書店，就可以找到「提升溝通的方法」或是「改善職場人際關係的方法」這類的書。我的《零壓力終極大全》有詳細解說基本的溝通與改善職場人際關係。

　　研讀這些書籍，並付諸實行。你的人際關係一定會比現在更好。

　　中學、高中、父母，都沒有教我們該如何經營人際關係和溝通。大多數人都在缺乏人際關係與溝通技巧的狀態下就進入職場，開始上班。因為是零技巧的狀態，人際關係不好也是理所當然。

　　多學習「人際關係」和「溝通」，這不是什麼丟臉的事。

　　改善人際關係，催產素幸福就會增加。在公司的人際關係變好，你的能力才能充分發揮，在職場獲得肯定，多巴胺幸福就到手了。

　　學一次人際關係的技巧，受用10年、20年，一生都受益。「人際關係的技巧」可以說就是「得到幸福的技巧」。

人際關係的三層構造──
相處的對象也有優先次序！

為了得到催產素幸福，我們要經營能同理、信賴、親近，並且穩定的人際關係。策略與方向其實非常簡單，每個人都懂，但現實的問題在於，維持「穩定的人際關係」卻是困難重重。

夫妻關係圓滿當然是最好的，但是爭執不休的家庭卻很多。

想要一個伴侶、情人，卻沒有適合的對象。

希望能與朋友相處融洽，卻經常發生嫌隙。

職場的人際關係總是不能如意。

大多數人都希望有穩定的人際關係，卻不懂如何「經營人際關係」「改善人際關係」。

我每天要讀幾十封諮詢郵件，發現希望「與大家好好相處」「不要被別人討厭」的人非常多。

但是，我們的時間有限，身邊的朋友、點頭之交、職場的夥伴全部加起來，可能多達數十人，要跟所有人相處融洽，無論從時間或精力上都不允許。

為了「有良好關係」就必須「交流」，「交流」需要「資源（時間和精力）」，然而我們的「資源」很「有

💜 人際關係的三層結構 💜

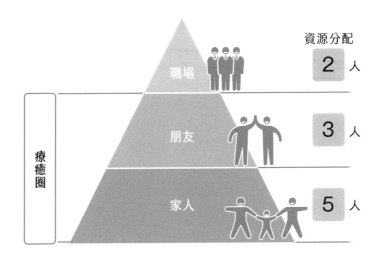

限」。越是「八面玲瓏」越麻煩。

　　到底該怎麼辦呢？要先跟誰好？其實「人際關係」與「幸福」一樣，有優先順序。我們用金字塔的三層構造來看看。

　　最重要的是最下層，家族、伴侶、情人。中間層是朋友關係。最上層是職場的人際關係。

　　每一層，你都應該與2到3個人交好。換句話說，整體大約是5到6人。

　　社會學的研究發現，與許多人（例如10人以上）建立

「非常親密的關係」是很困難的。「非常親密的關係」只能與幾個人而已。「親近關係」大約5到6人就已是極限。

交流需要資源，但我們的資源有限。跟超過10個人做好朋友會消耗龐大的「時間」和「精力」，硬要嘗試也只是讓自己精疲力盡。精神上會非常疲勞、衰弱。實際上為人際關係煩惱的人，多半是這種狀況。

重要的是，只和你心目中「重要的人」建立「親密關係」就好。家人（配偶或子女）、伴侶、情人，就這些。朋友2人、職場的「關鍵者」與「諮詢者」2人。這就是你需要的全部，5到6人就夠了。

許多人想跟「很多人」友好，但是資源不夠分配，跟每段人際關係都很淡薄，結果「全部」都不順利。

友好的順序也很重要。人際關係的根基是「家人」，接著是「朋友」，然後才是「職場」。許多人都太過重視「職場」的人際關係。

重要的是與家人有安定的關係，有一個可以商量任何事的朋友。那就是你的「舒適圈」（comfort zone）、勝過一切的「療癒圈」。

職場從某種意義來說就是「戰場」。即使職場的人際關係有點不好，有家人和朋友做後盾療傷，就不會累積太多壓力。與朋友聊天是特別好的「宣洩」機會。

　　很多人獨自煩惱職場的人際關係而承受著壓力，總有一天要爆發。因為人際關係不順而辭職，或是強忍著繼續工作，最後導致心理疾病。

　　<u>首先要鞏固與家人和朋友之間的關係</u>。有了血清素幸福做為根基，精神上安定了，情緒也會穩定。對職場上複雜的人際關係，也才能從容應付。與家人和朋友維持穩固的關係，也能改善職場的人際關係。

　　「人際關係的三層構造」以數字來表示各自的重要度，分別是<u>「家人5，朋友3，職場2」</u>的比例，也就是「5對3對2」。職場的人際關係只占你的人際關係資源「兩成」，家人和朋友要「八成」。有家人、朋友這「八成」人際關係當基礎，即便職場的人際關係不甚理想，也絲毫不必放在心上。

　　有來自家人和朋友的催產素幸福，「人和」就已足夠。

獲得催產素幸福的方法4：待人親切

　　催產素是三大幸福荷爾蒙之一，又稱為「親切荷爾蒙」。蘇格蘭的有機化學博士大衛‧漢密爾頓（David Hamilton）在著作《善良的五個副作用》（*The Five Sideeffects of Kindness*，暫譯）中提到催產素的5個效果：「帶來幸福」「強化心臟和血管功能」「延遲衰老」「改善人際關係」「感化他人」。

　　當我們待人親切，大腦就會分泌催產素，因而感覺「快樂」（增加催產素幸福）。讓我們獲得「守護心臟血管的健康」「提升免疫力」「防止老化」等效果，延長壽命，增加血清素幸福。

　　人際關係改善了，溝通變得圓融，工作也會更加順利。多巴胺幸福也跟著增加。

　　這麼看來「待人親切」能均衡提升三種幸福，是我們「得到幸福」的一大助力。

「親切計畫＆親切日記」會快樂

　　「待人親切」會增加催產素幸福的產生，但實際執行起

來並不容易。總感覺我們自己為了生存，都已經要卯足全力，哪裡還有餘力再對人親切。

那就試試刻意待人親切的「親切計畫」。

「親切計畫」就是「一天3次對人親切」，如此而已，非常簡單。能夠多做的人，當然不必拘泥於「3次」，多多益善。催產素幸福不會遞減，做越多效果越好。

電車上讓座給老人家、為問路人指引、在公司教同事使用電腦軟體、在家積極幫忙家事……等等，什麼都好。

一天下來，把自己做過的「親切事項」都寫出來。這就是「親切日記」。

藉由寫日記來輸出，可以強化大腦對「親切」的記憶，「親切計畫」和「親切日記」一定要一起執行。

清點親切，幸福度就上升

幸福心理學有一個著名的實驗，受試者必須在1星期內執行5個親切的行為，並記錄下來。實驗內容僅此而已，6星期後，受試者們的幸福度都大幅提升了。只是記錄親切行為，幸福度就會提高，怎麼這麼簡單呢？

為什麼清點親切就能提升幸福？因為「自尊情緒」會升高。什麼是「自尊情緒」？就是尊重自己，「相信自己的價

值」。這也是自我肯定的要素之一。

自我肯定感低的人，幸福度也低；自我肯定感高的人，幸福度就高。細數自己做過的親切善行，就能意識到「自己是這樣的一個好人」。感受「自己能夠幫助別人」「自己對社會有貢獻」，就會產生「自尊情緒」及「自我重要感」。

所以說，確認「自己的親切行為」，並記錄下來，就能提升自尊情緒，使幸福度提升。

不過，這個「清點親切」的實驗也發現，不能是「偶然為之的親切」，必須是「主動積極執行的親切」，否則沒有提升幸福度的效果。因此，我們要主動增加付出有意的、積極的親切。

我也曾經執行「親切計畫」。大家　定要試試看，你會發現比想像中困難得多。因為必須要觀察別人，看準對方正需要幫忙的時機。

這個計畫最終會培養出「體貼別人」的情感。連續幾個星期下來，有意的「體貼」會變成無意識行為，在他人眼裡，「〇〇真是非常用心體貼的人」，你也會提升自我肯定感。

親切日記具體該怎麼寫呢？與正能量日記一樣，看著具體範例「照樣寫」，會比較容易。

我主辦的學習社群「樺澤塾」有一個輸出挑戰的環節，

我們也規畫了「親切日記挑戰」。就是「連續10天寫親切日記」的挑戰。

　　我從參加的學員投稿中，挑選值得參考的範例，與大家分享學員10天後有什麼改變及感想，還有具體的寫法和訣竅。

　　以下也將介紹參加「親切日記挑戰」的其他學員投稿，並結合他們連續10天記錄正能量日記後發生的變化、效果及感想。

親切日記的具體範例

1 小野徹
（1）晚餐過後幫忙洗碗。
（2）在人行道差點與對向來者撞上，我讓他先走。
（3）跟常碰面的撲克臉鄰居道「早安」，他沒理我……

（1）在醫院候診室讓座給一個腳不太方便的男生。
（2）晚餐後幫忙洗碗。
（3）覺得路邊的小花好漂亮，嘻嘻（正能量）。

（1）主動跟平常沒什麼互動的街坊鄰居道「早安」，可惜他今天還是沒
　　理我……
（2）走進巷道遇到對向來車。我是步行，沒有多餘空間可避開，只好退
　　回原路，讓車子先過。
（3）吃完飯幫忙洗碗。

【10日親切日記總結】
「好的地方」：因為意識到了「親切」，開始關心身邊的人事物。平時
　　　　　　　感覺不耐煩的事，也因為「親切」的意識轉化成貼心的
　　　　　　　舉動，變成正向思考。
「改變的地方」：覺得自己變溫柔了
「感想」：有對人親切的念頭，卻少有機會和勇氣。為了投稿，逼自己
　　　　　一定要實行親切。深感在人前輸出的重要。

【親切日記的訣竅】
要寫出3件善行實在相當困難。真的寫不出3件時，可以「正能量的
　事」來代替，總共寫出3行即可。重要的是回想「今天曾經對人做了親
　切的事」。

對丈夫來說，「幫忙做家事」是最容易辦到的親切行為。主動、積極幫忙家事，就能夠改善夫妻關係。

時時觀察「有沒有什麼可行的小親切」，一天下來，很容易感染別人。就算最後沒做到什麼親切，光是「可以做些什麼」的念頭已經很重要。因為這就是對別人的「體貼」和「用心」。

2 靜修平
（1）清理洗手台。
（2）幫太太整理碗盤，減少她的負擔。
（3）幫同事想辦法解決問題。

（1）打掃家裡的廁所，還有用吸塵器清理走廊。
（2）打開2樓房間的窗戶，讓空氣流通。
（3）發現可以練習英語聽力的網站，趕緊告訴太太。

（1）早餐時幫家人準備水果和叉子。
（2）幫上司處理工作。
（3）幫其他部門的同事糾錯。

【10日親切日記總結】
想要寫親切日記，但是礙於本身性格，很難找到值得記錄的事，也體認到自己平時鮮少對別人做出親切的行為。不過，為了寫日記，刻意尋找親切的機會，完成一點小事也感覺很欣慰。有了親切的念頭以後，對別人的行為或舉動感覺不耐煩的情形減少了很多。

【親切日記的訣竅】
「幫忙家事」是隨時可為的親切。一點點貼心的舉動，就能改善夫妻關係，家中的氣氛也會變得更和諧。
在職場中，「協助別人的工作」也是容易執行的親切。如果沒有什麼

特別需要人手的情況時，也可以主動詢問「需要幫忙嗎？」
提供資訊，對正好需要幫助的人來說，是非常有幫助的及時雨。想想看對方正在煩惱什麼、或是對什麼事有興趣，就是所謂的「體貼」。

3 小野瀨龍也
（1）出電梯時，按住「開門」鍵，讓其他人先下，自己最後。
（2）對商品運送進程提出建議。
（3）聽幾位同事傾訴職場煩惱。

（1）協助同事處理勞務管理事宜。
（2）簡單向外籍兼職人員解說業務。
（3）在外面用餐時，將吃完的盤子放在店員容易收拾的桌邊。

（1）吃了工讀生帶來的點心，向他說謝謝。
（2）提議在職場設置親子車，以便家長上下樓。
（3）打掃廁所，希望使用者能更舒適。

【10日親切日記總結】
刻意要表現親切，其實滿困難，也容易因害羞而卻步。從事服務業，工作中原本就會無意識地對他人親切。意識親切讓我在工作上有更多磨練的機會，私底下也會多關注他者貢獻的視角。

【親切日記的訣竅】
傳達積極尋找「小親切」熱誠的親切日記。只是幫忙按電梯的「開門」鍵，也是很貼心的親切。
有研究報告指出，不是刻意為之的親切，就不能提升幸福度。平時大家應該都會無意識地做出一些「小親切」，不妨試著想想「還能多做些什麼」，積極對別人「親切」，相信效果會更好。
「提議設置親子車」「傾聽幾件職場的煩惱」等，能夠關注別人的困

擾或煩惱，是非常好的事。幫別人解決煩惱，就是很棒的親切。

4 大田明子

（1）為顧客詳細說明，受到對方的道謝。

（2）同事正忙得焦頭爛額，手上又有急件，我主動表示要幫忙，很快就辦好了。

（3）下班回家途中，因為還有時間，用LINE問孩子有沒有要買什麼。

（1）應大女兒要求帶她去好市多，她開心得不得了。

（2）小女兒補習班下課後錯過公車，打電話要我開車去接她。她感激得不得了。

（3）平常都是老公整理車上的垃圾，今天發現垃圾桶已經滿了，就帶回家處理了。

（1）在外面搭電梯時，看到推著嬰兒車的女生正要走過來，我趕緊按「開」鍵，等她搭進來再問「要到幾樓？」，結果跟我同一樓，出電梯時，再按住「開」，讓她先下。

（2）採買結帳完，把東西放進購物袋後，看到整理台上的籃子，就順手幫忙整理放好。

（3）排隊等公車時，來了一位老婦人，我把位子讓給她。

【10日親切日記總結】

「好的地方」：面對家人，「因為是媽媽，因為是太太，理所當然」，過去感覺是義務的事，轉念成「對別人的親切」，就能感受正能量。

「改變的地方」：比以前容易入睡，感覺睡眠也更深沉。執行計畫的後半段常因為太累便沒有寫親切日記，但只是睡前的回想也有效果。

「感想」：維持寫親切日記真的很難。精神上、體力上沒有餘裕，就無

法對別人親切。我覺得真的很累的時候就不用勉強，等精神好了再執行比較好。

【親切日記的訣竅】

\# 親切日記的內容一天天變長，非常好的進展。為了輸出而執行，對於發生過的事，都能記住細節。短短10天的輸出，過去不曾表達的人，也能進步神速。希望能養成習慣，繼續保持下去。寫出「親切」的細節，對於自己做過的「親切」留下鮮明的記憶，可以細細回味。

\# 受到委託時，如果露出不耐煩的表情，同樣是幫助別人，效果會減少一半。笑容以對，爽快接受的態度，我覺得很棒。

5 岩田及子

（1）笑容：今天從公司騎自行車到體檢會場。回家路上騎自行車沒踩穩，摔了下來。公司的前輩把我扶起來，她真是親切。我和她都笑了出來。

（2）主動幫忙：搭電車回家，下車時提醒站在前面的外國女生背包拉鍊沒拉上，她拉上後，以手勢表示感謝。真希望能對她說不客氣。

（3）打電話給老公：老公從巴西回國，因為疫情暫時在旅館隔離，只好打電話關心他。

（4）謝謝兒子：忘了帶家裡的鑰匙，孩子們都不在家，只好先去吃飯，打發時間。等孩子回來開門，跟他們說謝謝。發現這個親切日記被我用來嘲笑自己的迷糊。

（1）今天要到別的地方工作，大家都冒雨騎自行車前往。有一個人先到，鑰匙還插在腳踏車上，我幫他取下來，交到他手上。還好有親切日記，我對周遭的事物變得比較關心。

（2）體檢完覺得很累，把帶來的糖果分給工作人員，他們對我道謝。我是大阪的歐巴桑嗎？一定要吃甜的。其他工作人員又給我點心。我

對他說了謝謝。

（3）今天是娘家媽媽的生日。85歲了，今年因為疫情沒回去，只能打電話聊一下。我送她的仙客來花應該這幾天就會到了。感謝媽媽一把年紀還能健康獨居，對她說了謝謝。

【10日親切日記總結】

「好的地方」：自己原本就是看到垃圾會馬上撿起來的雞婆個性。曾經因為新冠疫情的影響，約束自己不能貿然行事。最近會花點心思，可以再發揮雞婆個性了。說不定還會發生奇蹟。最近想要行善的機會越來越多了。

「改變的地方」：以前要是遇見撿到失物的人問怎麼去派出所，頂多就是指引他一下。開始寫親切日記後，我會幫撿到失物的老婆婆拿去派出所。感覺心眼更寬闊了。

「感想」：很感謝這個寫親切日記的機會。也很感謝讀者們讀我的文章。工作上，現在我會先諮詢同事的想法再進行。

【親切日記的訣竅】

這算是最完整的親切日記。文章很長，以「親切」出發，仔細回想一天當中發生的事。讀者也能感同身受，筆者本人腦中一定也是「歷歷在目的親切」。一樣的親切，收穫的「正能量」應該多了好幾倍。

寫了很多「感謝的事」。本書將「親切日記」與「感謝日記」分開來介紹，但實際上大家在寫的時候，對別人親切，自然就會受到感謝，親切和感謝原本就是一體兩面，兩種心情寫在一起，是很好的示範。

親切的理由不同，獲得的效果也會不一樣。他不只是單純行動，還有「原因」和「結果」。親切之後，會發生什麼？可以藉著這種想像，訓練自己想像正能量的未來。

親切日記的效果

- **會先考慮別人再行動　鶴田正志**

常常有親切的念頭，總是思考「有沒有自己可以做的」。一天當中，會留意可以做的小親切，都是一些小事，有時候一個上午就超過3件了。

如果沒有對他人的體貼之心，就沒有辦法親切，我變得凡事都會先替別人想。這是個艱難的課題，但我的生活因此而更豐富。尤其是對家人的親切，我要一直保持下去。

- **開始會體貼別人　高橋伸吾**

寫了10天的親切日記，我學會體貼別人，還感受到關心、在意別人時產生的催產素幸福。我會找尋可以親切的機會，每天的生活更加充實豐富了。希望這個親切的念頭會一直持續下去。

- **找到可以親切的事感覺很幸福　木下孝彥**

親切日記真的很難寫。雖說有意識的親切才能提升幸福度，但是一開始根本不懂怎樣叫有意識，直到睡前回顧時才想到「今天做了那麼一點好事」而已。後來漸漸習慣親切，就開始隨時都在找親切的機會，找到的時候，會覺得非常幸福。再加上實際行動，使自己更有自信，我從來沒有這麼喜歡自己。經過這次的親切計畫，我要繼續有意識地親切，養成習慣。

- **公司、家人、街坊的人際關係變好了　關澤翼**

從來沒有認真想過要如何對人親切，這次真是獲益良多。我還發現對別人親切，自己竟然可以那麼快樂，同時又受到別人感謝，人緣變得更好。真的是太美好了！彼此形成雙贏的關係。受到別人的感謝比以前更多，與公司的同事、妻子、街坊的互動也變多了。

- **學會意識他者貢獻　新井繪美**

寫親切日記讓正在放育嬰假的我感覺與社會接軌，很高興自己還能為別人（包含家人）做出一點貢獻。對於自己的努力，即使沒有人發現，也能肯定自己，感覺努力有所回報。

- **懂得感激親切　後藤伸之**

我會注意別人是不是有困難。工作上也比以前更能為對方考慮。再次感覺「親切」行動真的很難，而在親切之前，會先考慮是否會給對方添麻煩。還有，也因為認識到親切的困難，當有人對我親切時，我會更感謝他。

- **夫妻感情變好了　築紫悠**

一開始我完全想不到可以寫出什麼有關親切的東西。茫茫然地生活是找不到親切的，所以一定要帶著「親切」的念頭才行。以前我完全以自我為中心，現在我變得常常思考自己能夠做些什麼。隨手可做的事，例如幫老公按摩，或是給他獨處的時間。

寫日記讓我每天回想「今天做了3件好事」，心裡覺得很溫暖。老公也特意為我安排每個去咖啡店約會的時間，前幾天還預約了美容沙龍，讓我驚喜不已。我深深感覺親切真的會感染別人。

有一些親切讓我覺得吃虧，最近就毅然決定不再做了。不過那些都是因為犧牲到自己的時間。如果時間、能力都在許可的範圍，我相信對人親切的確能使人幸福。

透過這次的計畫，我們夫妻間的尷尬變少了，家裡氣氛變得很開朗。很感謝發現這麼美好的事。今後也要繼續保持。

- **與家人的關係更親密了　真中有紀**

過去我常常自以為是，與人談話總是搶著說。這10天下來，我意識到要認真聽對方說話，仔細了解家人的需求。這個改變讓我感覺與家人的關係更親近。今後，不只是家人，跟別人談話時，我一定要仔細聆聽，判

斷有沒有可以幫得上忙的事，才能繼續保持我的好人緣。

● **自尊感提升了　金子和俊**

與正能量日記不同的是，必須要有意識地親切，這真的很難。不過，因為可以只是一些小事，我便帶著要做3件親切的念頭，主動幫忙洗洗碗、聽女兒講心事，這樣我也覺得自尊感提升了。

● **心靈變開朗了　新井陽子**

積極對人親切讓我自己的心也開朗了起來。撿垃圾之類的，讓身邊的人感覺舒服，也照顧到自己的精神健康。

● **對他人的困擾更敏感了　古澤通代**

我認為「發現別人正在困擾的能力變得敏銳」是一件很好的事。因為我想要幫他解決心裡的問題。一開始我只是隨意地做一些親切的舉動，主動問候、幫別人推門之類的，但是我開始思考對方真正想要的是什麼，既然都要表現親切，就應該直擊對方的好球區，這個念頭一天比一天更強烈了。

　　參加「親切日記挑戰」的人數有35人。參加者自覺的效
果總結如下。

💜 親切日記的效果 💜

---

(1) 提升自尊感、自我肯定感

* 意外發現自己能對人親切

---

(2) 人際關係變好

* 夫妻關係、親子關係變好
* 改善職場人際關係
* 感受別人的謝意
* 獲得別人肯定
* 感覺親切會傳染

---

(3) 變得親切

* 開始有他者貢獻的意識
* 意識對別人的貢獻並付諸實行
* 懂得體會對方的煩惱（提升共感力）

---

(4) 幸福度向上

* 每天感覺快樂
* 每天都很開朗、愉快

根據樺澤紫苑調查

短短10天就改善人際關係的特效藥

在短短10天內，每天花幾分鐘的時間撰寫「親切日記」，就可以達到非常大的效果。

親切日記提升我們的自尊情緒、自我肯定感。這些變化早已有研究報告證實，但這次的實驗，許多人反饋「人際關係變好了」。尤其是自覺「夫妻關係」及「職場人際關係」有所改善的人特別多。

想要改善或修復「職場人際關係」和「夫妻關係」相當困難，不是一朝一夕可以完成的，但透過有意識的親切行為，寫下「親切日記」，竟然可以使我們在短短10天之內，讓人際關係出現如此明顯的改善。

「親切能感染他人」，這也是心理實驗已經證實的事。如果你親自試過親切計畫和親切日記，就可以體會對方的態度因你而變得柔軟的過程。對方也會受到你的親切感化而變得「親切」。

如果你身邊有看不順眼的、在職場刁難的、對立的、不喜歡的人，你應該做的不是「抱怨他們」，而是「對他們更親切」。

然而，大部分的人都選擇抱怨，讓彼此關係更加惡化。所以是你過去的舉動讓你的人際關係更惡化。

　　試著執行「親切計畫＆親切日記」，你會發現相當困
難。

　　但正因為如此，你更要克服「困難」，就能得到特效藥
等級的效果。

　　「親切計畫＆親切日記」可以提升自我肯定感，改善人
際關係，短期內大幅提升催產素幸福。為人際關係煩惱的
你，請務必嘗試這個方法。相信你一定會有所收穫！

提升幸福度效果最好的親切術

　　同樣是對人親切，有些方法能獲得更好的效果。

　　首先以心理學實驗證明「增加親切的舉動，幸福度就會
提高」的是加州大學的索妮雅‧柳波莫斯基（Sonja
Lyubomirsky）教授，她從幾項有關親切的心理實驗的結
果，提出了更能有效提高幸福度的親切方法。

　　（以執行親切為例）我想推薦最初實驗獲得最大效果的
　　範本，「每周一日，選一個固定的日子（例如每個星期
　　一），執行一項全新的、特別大的親切行為，或是3到5
　　個小的親切行為」。
　　在研究親切行為的過程中，我所注意到的第二個階段

是，「善行要有變化，最好加入不同的元素」。要不斷
變化親切行為的種類，努力和創造性也是必須的。

（摘自柳波莫斯基《這一生的幸福計畫》〔*To How of Happiness*〕）

換句話說，如果只是籠統地「盡量親切」，提升幸福感
的效果並不大。「每周1次」就好，固定的「時間」，有意
地、積極地進行才是最重要的。而善行要持之以恆就必須花
心思變化。

用「幸福三層論」來分析索妮雅的親切術，屬於結合
「多巴胺」及「催產素」的技巧。

為保持行動、養成習慣，我們需要「多巴胺」。多巴胺
討厭「一成不變」，喜歡「巧思」和「變化」。

「同樣的善行」容易流於義務性質，光是枯燥的反覆，
可能連「催產素」的分泌都會減少。

「有意的善行」會提升幸福度，而「偶然的善行」卻不
能，這一點已經藉由心理實驗證明了。

我要「親切對人」「幫助別人」，懷著這樣的意志、意
圖，積極行善，就能使催產素分泌，幸福度上升。

👤 獲得催產素幸福的方法5：心存感謝

若「感謝」與「親切」兩者一起被意識到，則可以使我們在幸福感的獲得上達到更大的效果。

當我們對人親切，就會受到感謝。而當我們受到他人的感謝，除了催產素，還會同時分泌安多酚、血清素、多巴胺等4種幸福物質。這麼看來，能夠簡單地製造出終極幸福狀態的魔法咒語就是「感謝」。

在《善良的五個副作用》中，關於親切與感謝是這樣寫的：「親切產生感謝，感謝產生親切，兩者之間呈現了一種循環的狀態。」

與「親切計畫＆親切日記」一起執行效果更好的就是「感謝計畫＆感謝日記」。「感謝計畫」的內容，是一天對某個人說「謝謝」3次，就這麼簡單。在心中升起「感謝」，帶著這種「感謝」的心情，向對方說出「謝謝」。以口頭傳達給對方是一種「輸出」，能夠改變很多事情。

光是「懷著感謝的念頭」，就能促進催產素和安多酚大量分泌，提升幸福度。「謝謝」這句話，更是能使效果加強好幾倍。

睡前15分鐘寫下「感謝日記」，回想當天令你感謝的

事，寫下3件感謝。一開始可以1件寫1行，最少3行，養成習慣後，再增加文字內容或更多的感謝。

可以將「實際說出『謝謝』」和「在心中感謝」的事分開寫。

（例）
感謝老公幫我倒垃圾。對他說了「謝謝」。
老公今天加班遲歸。感謝他為我們工作到這麼晚。

要說出「謝謝」這句話，其實並不是那麼容易。所以一開始「實際說出『謝謝』」的部分，可能寫不到3件事，可以再慢慢增加。最初只有「感謝的念頭」也OK。

不只是自己對他人的「感謝」，也可以寫下自己「被感謝」的事。例如「今天幫A影印東西，他對我說『謝謝』」。

我們可以從「1天3次」開始，這比「親切計畫」簡單多了，不僅限於3次，5次、7次，1天說了好幾次「謝謝」，都可以寫下來。

尤其是對自己特別不想說「謝謝」的人——看不順眼的、對立的、印象不好的人，更應該積極向他們說「謝謝」。

　　「謝謝」是一個魔法咒語。只是說出「謝謝」，不僅催產素會分泌，施者與受者雙方都會分泌安多酚。安多酚是比嗎啡的鎮痛效果高出6倍的腦內麻藥，是終極的幸福物質。

　　若能習以為常地說出「謝謝」，你每天所煩惱的「複雜人際關係」，一定能獲得改善。

　　謝謝說得越多越幸福，也能讓對方更幸福。

證明感謝日記驚人效果的研究 🙌

　　只要心存感謝，就能變得幸福。幾十年前自我啟發類的書籍就已經這麼寫著了，而最近才有科學研究證明其正確性。

　　最早證明感謝日記能提升幸福度的，是心理學家羅伯特・埃蒙斯（Robert Emmons）與邁可・麥卡洛夫（Michael McCullough）的研究。他們將受試者分為兩組，一組人每星期1天，連續10星期寫普通的日記；另一組人寫「感謝日記」，即便是微不足道的事，只要感謝就可以寫下來。10星期後比較兩組人的結果，感謝日記組比普通日記組的人幸福感增加許多。

　　感謝組的受試者中有非常高比例的人反應「人生充滿喜悅」「下一個星期也充滿喜悅」，幸福度顯著增加，而且身

體不舒服的比例相當低。

　　這個實驗之後，埃蒙斯博士讓1000多人寫感謝日記，將效果總結在上表中。

　　感謝日記有以下3個效果：

（1）免疫力上升，血壓下降，睡眠獲得改善，會自己主動去運動等生理性效果（健康效果）

（2）願意幫助他人，對別人更寬容，孤立感、孤獨感減少等社會性效果。

（3）最後是能夠感受到更多正能量，更樂觀、幸福度也增加的「心理性效果」。

　　從「幸福三層論」的角度來看，撰寫感謝日記會是能夠大幅提升血清素幸福與催產素幸福的方法。

　　前面介紹的「感謝計畫＆感謝日記」是讓受試者「每天」執行的練習，不過埃蒙斯的心理學研究證明「1星期1次的感謝日記」就能夠充分提升幸福感了。所以如果太忙，沒有辦法每天寫日記的人，1星期1次也還是能期待不錯的效果。

　　請大家也積極挑戰「感謝計畫＆感謝日記」，多寫「感謝日記」，能夠提高自我肯定感，對感謝的對象也會有不同

💜 感謝日記的極大效果 💜

生理性效果	• 提升免疫力　• 減輕疼痛　• 降低血壓 • 延長運動時間，讓自己更注意健康 • 延長睡眠時間，睡醒精神更好
心理性效果	• 提升正向情緒 • 專注力加深，自我覺醒 • 對快樂、喜悅的感知增加 • 變得樂天，幸福度也提高
社會性效果	• 幫助他人，更加包容、慈悲 • 對別人的過錯更寬容 • 變得更有社交性 • 降低孤立感、孤獨感

的認識。

感謝日記的寫法與具體範例 🙆

　　培養寫感謝日記的習慣，其實很困難。具體內容要怎麼寫，如果沒有「範例」，往往難以動筆。以下我將介紹「樺澤塾」所舉辦的「感謝日記挑戰」（31人參加）中，幾位參加學員的日記。

感謝日記的具體範例

1 中島稔

（1）同事教我以前沒做過的工作，對他說了謝謝。

（2）加班的時候，同事帶點心來給我。謝謝他。

（3）為了電腦和印表機的連線問題，5個人來幫我排除問題。

（1）難得聽到重播好多次想要唱的歌，感謝《貓》這首歌。

（2）今天，休假的主管傳LINE給我，關心我月底截止的工作進度，感謝
他。

（3）晚餐的薑汁燒肉真好吃，謝謝太太！

（1）吃了久違的一蘭拉麵，太好吃了。謝謝。

（2）千葉噴射機隊以4分贏了北海道，感謝努力打球的選手。

（3）今天泡澡，水比平常熱了一點，身體感覺輕鬆多了！感謝。

【10日感謝日記總結】

每天寫感謝日記，讓我懂得對生活中的小細節感恩。例如，兒子幫我的
手機充電之類的。以前頂多是當場說聲謝謝，事後也沒有放在心上，寫
感謝日記讓我回想，並把對家人的感謝留在記憶裡。

即使在職場有不開心的事，寫感謝日記的時候，會想起「還有這件好事
嘛」。結果發現不管一天過得怎麼樣，絕對不會有一件好事都沒發生的
日子。

現在，我每天從正能量、親切、感謝中，回想3件事寫在日記裡。感謝比
親切容易寫，所以感謝的比例多一點。每個人都可以寫感謝日記，讓我
們每天在愉快、正能量中度過，真的是一個很棒的計畫。

【感謝日記的訣竅】

看這位學員的日記，真的連很細微的事都可以「感謝」。而且看得出

來他時時都意識著要說出「謝謝」。

喜歡的球隊贏得比賽、聽到好歌，只要自己覺得「開心」「高興」「幸運」，全都值得「感謝」。「3行正能量日記」最後寫上「謝謝」，就直接變成感謝日記了。

正能量、親切、感謝三種日記混合著寫。三種日記計畫分別結束之後，已經得心應手的人，不妨試試三種混合的寫法。

2 新井繪美

（1）一直猶豫要不要參加的講座，去函詢問後，老師很慎重地回信給我。謝謝老師。

（2）感謝老公耐心聽我訴說心事。對他說了謝謝。

（3）感謝老師幫我編舞和剪輯影片，完成了很棒的作品。謝謝老師。

（1）謝謝老公幫我帶兩個孩子和做飯。對他說了謝謝。

（2）感謝家人讓我一整天都是好心情。

（3）感謝讓女兒著迷的教材。

（1）感謝老公幫我哄兩個孩子睡覺。對他說謝謝。

（2）感謝老公做好多好吃的菜。對他說謝謝。

（3）感謝媽媽送我生日禮物・手持攪拌機。對她說謝謝。

【10日感謝日記總結】

寫感謝日記後，有兩個比較大的變化。

第一個是勇敢向老公表達感謝。以前總覺得難為情，怎麼也說不出口。這次參加感謝日記挑戰，我想寫下「感謝老公的○○，並向他說了謝謝」，所以積極表達了我的謝意。老公不是那種被感謝就欣喜若狂的人，但看起來心情不錯。

第二個變化是，心態變得比較正面。因為疫情的影響，還要照顧嬰兒，經常足不出戶，感覺很孤獨、很難受。開始寫感謝日記以後，發現日常

生活中值得感謝的事情很多,與別人聯繫的事情也很多,心情變得開朗起來。

原本就有寫日記的習慣,今後也要從感謝的角度繼續寫下去。

【感謝日記的訣竅】

先生、母親、女兒,對家人有很多感謝,真的很好。家人對我們的付出,往往被認為是理所當然,忘了要感謝他們。把家人為我們做的事一件一件寫出來,夫妻感情、家人關係都會有很大改善。

「在心裡感謝」與實際「表達感謝」應該要分開來寫。最後你會發現,後半的日記幾乎都是對發生的事情「表達感謝」。在心裡感謝很簡單,要說出口卻很難。能夠說出謝謝的時候,寫下「表達感謝」「說了謝謝」,會成為刺激自己明天也要「說謝謝」的動力。

對「物品」感謝是非常好的心態。

3 中田潤子

(1)發現東西不見,趕緊打電話,還好沒搞丟。謝天謝地。

(2)聽了許多表現傑出的人分享心得。感謝他們。

(3)感謝自己能誠心欣賞那些表現傑出的人。

(1)下公車時,看到天上掛著大大的滿月。好久不曾抬頭看夜空,沒想到能看到滿月。看著被朝霞染紅,漸漸往西方下沉的大滿月,心中非常感恩。

(2)配合新眼鏡去剪頭髮。其實只是想帶著新買的眼鏡去給美容師看而已,感謝她為我設計新髮型。

(3)吃了烤魷魚。以前住在關西時常常吃,感謝養育我的爸爸媽媽。

(1)走在路上,發現一家店還沒開門,已經有人在排隊了。剛好是開門的時間,我就跟著隊伍進去了。一直想來看看這家店,感謝讓我注意到排隊人群。

（2）進到店裡，店員帶我入座後，看著陸續送來的餐具、水杯、糖罐、叉子、湯匙、紅茶杯、預熱的盤子上盛著炸蝦三明治，一切是那麼地井然有序，好像與我相視著。我的心裡充滿感動，真心感謝自己注意到這一切。

（3）結帳時，拿到的找錢全都是新鈔。一直到最後都讓我驚嘆不已，我見識到了招待的真髓。突然感覺身邊的一切一直都溫柔待我，只是我沒注意到而已。三明治的美味當然也不在話下。

【10天感謝日記總結】

3行感謝日記，10天的挑戰。第一天我記下吃了好吃的飯、身邊的人親切地問候我、安全地度過一天，這3件值得感謝的事。第二天早上，我走出家門，竟然感覺樹木生氣勃勃的樣子像是在對我說「謝謝」。我也不禁對那棵樹說：「謝謝你生長在這裡。」第三天開始，我的感覺更奇妙了，好多我有興趣的事、可能會感興趣的事，紛紛出現在我眼前，自動飛進我的視線。我心中只有感謝。這是個溫柔的世界，我只是感謝一切，世界就整個改變了。

【感謝日記的訣竅】

感謝「發現」，這是個新的模式，感謝發現新事物、想到新點子的自己。我覺得非常好。

「感謝自己能誠心欣賞那些表現傑出的人」，像這樣讚美自己、感謝自己。能夠感謝自己的行為、個性、樣貌等，絕對能夠提升自我肯定感。

找到遺失物這類的「失敗」，「還好沒有釀成大禍」這樣的視角也是一種感謝。能夠感謝負面的事情，實在了不起。

4 奧原雅弘

（1）感謝電車上把站位讓給我的男生！

（2）今天比平常早一點出門，謝謝太太幫我準備早餐！

（3）電車中大家都在看手機，我身旁是一位氣質高雅的女士，她竟然在看書，激起我學英文的興致！感謝！

（1）便利商店的便當，份量恰到好處，飽足感也恰到好處！感謝！
（2）完成這個禮拜預定的英語學習進度！感謝我自己！
（3）多益的口試官很會引導！全程毫無壓力！感謝！

（1）咖啡店的店員態度親切，一早就倍感療癒！真是最棒的開始！感謝！
（2）K社的反饋總是快又精準，真是幫了大忙！感謝！
（3）業務部的A同事來找我商量。感謝他信任我！

【感謝日記的訣竅】

發現「小幸福」的能力很厲害。感謝「便利商店便當」，還有附近咖啡店店員親切的態度等，讓我很驚喜。
我們身邊有許多「小貼心」「小親切」「小溫馨」，不仔細觀察都察覺不到。像這樣能夠注意到「小幸福」，每天一定都能過得很幸福。

5 高木啟史

（1）一個人運動很枯燥，帶著媽媽去快走。雖然有點喘，但是她走完一臉充實的表情，還對我說謝謝。
（2）參加一個遊戲直播主的節目，受到對方感謝。
（3）今天跟父母聊新車，他們很開心。

（1）祝一個網友生日快樂，對方回覆感謝，希望他今天過得充實。
（2）最近在網路上發表有關慢跑的貼文，總是有人一定會按讚。非常感謝。
（3）工作需要的工具，有一樣只有我帶了，大家都來找我借，受到很多感謝。

（1）今天也跟同事去慢跑。最近的練習距離增加了，看同事那麼積極，我也受他的感染，想要更努力。感謝他。

（2）與上司意見溝通不太順利，最後他要我有不懂的地方就追問到底。感謝他的建議。

（3）上司注意到我最近情緒低落，特意來鼓勵我。非常感謝。

【10天感謝日記總結】

我們都會莫名地不好意思對別人表示感謝，我也是其中之一。所以這次的課題讓我很傷腦筋。我想到「只要我們不是繭居在家，生活中每天都要遇到別人，我們可能為別人做些什麼，別人也為我們做些什麼」。生活中的小細節，「有人跟我打招呼」「母親為我做飯」「上司教我工作上不懂的地方」，都是些理所當然的事，但每一件事都值得感謝。

孤獨會導致心理疾病，唯有與人接觸，心靈才會開朗、積極。感謝日記訓練我們發現這一切。

【感謝日記的訣竅】

他寫了受到感謝的事，這點很特別。「受到感謝」表示幫助到別人，提升了自我重要感、自我肯定感。

他寫到與上司的關係，以「感謝」的正能量視角觀察人物，所以也看到了別人正能量的部分。

正能量日記、感謝日記、親切日記的組合 🙌✨

前面介紹了提高幸福感的三種輸出：正能量日記、感謝日記、親切日記。可能有人會覺得訊息量太大，還是不知道該從哪裡入門……

從難易度來說，正能量日記最簡單，親切日記最難。

因此，不妨從正能量日記開始，等到每天都能信手寫出3件正能量的事，再進階到「感謝日記」。熟練了之後，最後再寫「親切日記」。

完整的計畫應該是「正能量日記」10天、「感謝日記」10天、「親切日記」10天，合計一個月的時間專注執行，一定能收獲極大的效果。

寫一段時間後，可以綜合「今天的感謝」「今天的親切」「今天的喜悅」，每天寫7件左右，養成習慣，持之以恆。

也有其他心理學研究，1星期執行1次「感謝日記」，總結記錄下來。即使只是1星期1次，研究者都能觀察到幸福度有顯著提升。

因此，無法每天寫日記的人，隔天寫也好、1星期1次也好，養成睡前習慣，寫一寫正能量日記、感謝日記、親切日記，你的人生會有很大的改變。

🧡 獲得催產素幸福的方法6：
飼養動物或培育植物

伴侶、親子之間的愛，都與催產素幸福有關，雖然仍有許多人「結不成婚」「沒有孩子」，然而與朋友或夥伴的交流、對社群的歸屬感，也都能得到催產素幸福。但還是有人「人緣差，沒有朋友」「沒有什麼特別的興趣」。

這些人是不是就得不到催產素幸福了呢？

不要緊。能讓你獲得幸福感的還有「寵物」和「動物」。

飼養寵物，給貓狗抱抱、摸摸，飼主和寵物雙方都會分泌催產素幸福。有飼養寵物經驗的人就知道，牠們像自己的孩子一樣可愛，有很大的「療癒」效果。

寵物就像自己的孩子，是很重要的人生伴侶，一起生活幾年下來，跟自己的孩子一樣無可取代。

寵物和動物可以治癒你的孤獨，讓你得到催產素幸福。

「自我重要感」使人振作 🙌

「飼養動物的人」和「未飼養動物的人」相比，有幾項不同：

（1）飼養寵物的人幸福度高。

（2）飼養寵物的人壓力、不安、憂鬱的心情較能獲得改善。

（3）飼養寵物的人會有定期運動的習慣。

（4）飼養寵物的人血壓、膽固醇指數較低。

（5）飼養寵物的人的免疫力會提升、過敏症狀有所緩和。

（6）飼養寵物的人在社會交流的機會增加。

許多研究報告顯示，飼養動物對「身體健康」及「心理健康」都有幫助，還有「寵物療法」也是根據寵物的健康效果所設計的。

「幫助住院中高齡者減少孤獨，感受友情及安心，藉著照顧寵物提升自我肯定感。」

「減低安寧病房患者的不安和失望，提升幸福感。」

「降低憂鬱傾向。」

「幫助情緒障礙兒童及學習障礙兒童提升自信與自尊心。」

這些都是研究發現的效果。

飼養寵物等同於「養育」，你必須給貓狗餵飯，否則牠們會死掉。你需要寵物，寵物也需要你。

飼養動物讓我們感覺自己「被需要」。自己被某人需要，即所謂「自我重要感」，這是「自我肯定感」的構成要素之一。

換句話說，飼養寵物、與寵物交流，可以提升「自我重要感」及「自我肯定感」。

與動物接觸，催產素就發揮「療癒」的效果，讓人打起精神，進而改善疾病。藉著分泌催產素的方法，獲得健康（血清素幸福）。

園藝降低死亡率

雖說寵物能增加我們的血清素幸福，但可能也有人獨自生活，又經常出差不在家，不能養寵物。

這種人適合園藝，照顧「植物」。

事實上，照顧植物也會分泌催產素。

最近一項有趣的研究，讓老人安養院的住民每天照顧觀葉植物等簡單的工作，不僅改善了他們的幸福度，連死亡率都下降一半。推測是因為照顧植物，促進催產素分泌的緣故。

「照顧」＝「幫助對方」。退休的高齡者往往感覺「自己已經不為社會所需」，因此「自我重要感」低落，還有強

烈的孤獨感，有些甚至發展成「憂鬱」。

　　讓高齡者照顧植物，讓他們感覺自己有用，有「生存價值」。催產素分泌帶動的健康效果（死亡率降低）超乎想像。

　　許多高齡者從事園藝或種菜，以此做為對付「孤獨」的方法，而這又會增加催產素幸福的產生，實在是一種非常有意義的方法。

獲得催產素幸福的方法7：信任他人

　　如果你生病了，懂得利用催產素，在早期治療是有可能痊癒的。這是什麼意思？以下我會依序說明。

　　我的YouTube頻道每天會收到20封以上的提問，其中有一成是「應該與主治醫師諮詢」的內容。我在YouTube上回覆這類提問：「請諮詢主治醫師」，但通常得到的回覆都是「做不到」。

　　當我們對自己的病有「疑問」「煩惱」「不安」時，憋在心裡不跟主治醫師討論，對事情完全沒有幫助。最後這些對病情的不安或擔憂就會變成「壓力」，一旦壓力荷爾蒙升高，免疫力就會下降，只會讓病情更難醫治。

心理疾病在強烈不安的狀態下，大腦感知危險的「杏仁核」會呈現興奮狀態。杏仁核的興奮，很可能是憂鬱症發病的原因之一，只要杏仁核一直處於興奮狀態，心理疾病就很難治好。

我們要信任主治醫師。不要擔心詢問病情，醫師會覺得麻煩或討厭。

先前已經說明過「待人親切」就能使催產素分泌，對方和自己都會受益。同樣的，「信任」主治醫師，催產素就會分泌。催產素能提高免疫力，也是使心靈放鬆的物質，能幫助我們切換「緊張→放鬆」的狀態，也能幫助你的病情，從「治不好」到「痊癒」。

對醫師敞開心胸，是治療的第一步 🙌

以我從事身心科醫師的經驗來說，許多患者都在心裡築了一道牆。每次看診，我會替患者營造提問的氣氛，一定會問他們：「有沒有什麼困擾的事？」「有沒有問題？」但是他們幾乎都回答我：「沒有。」我希望他們能夠敞開心胸來「諮詢」或「提問」，但這不是一件容易的事。

心理學有個名詞是「互惠原則」，意思是當我們開示自我時，對方也要開示自我來回報，就像投接球，逐漸加深信

賴關係。但是，這個原則有一個前提，必須是某一方先打開「心門」，否則就沒有辦法更進一步交流。自我開示會隨著對方心門打開的程度慢慢進行。

　　如果你一直緊閉心門，無論主治醫師再怎麼親切，都無法強行打開。許多患者抱怨「主治醫師一點都不親切」，明明是自己拉緊戒備、關閉心門，有的甚至是兩道防線的狀態，即便主治醫師主動接近，也無法拉近醫師與患者（治療關係）的距離。

　　因此，無論主治醫師的態度如何，患者首先要信任醫師，任何煩惱或疑問都務必與醫師諮詢，這也是治療的第一步。

安慰劑效果與催產素

　　醫院都會開處方藥，而藥的「有效」與「無效」，其實與主治醫師的信賴度有關。

　　我們吃藥一定會產生安慰劑效果。所謂安慰劑效果就是「即便吃的是假藥（無效性成分），病症也會康復或減緩的現象」。

　　如果是有效果的藥，安慰劑效果就會有加成作用。信任主治醫師，信任主治醫師開的藥，相信「這個藥有效」，吃

下去，藥效會更容易發揮，病情比較容易痊癒。

　　例如，身心科醫師給憂鬱症患者抗憂鬱的藥，第一類抗憂鬱藥的減緩率是「60%」；但如果代換成了安慰劑，效果上竟然有「40%」的患者感覺症狀舒緩。換句話說，抗憂鬱藥的純粹藥理效果只有「三分之一」，剩餘的「三分之二」是安慰劑效果。

　　「真的有效嗎？」「反正吃了也沒用吧？」存有這種半信半疑的態度，就不會產生安慰劑效果。

　　簡言之，對主治醫師的信任與不信任，藥效會相差3倍之多。

　　安慰劑效果並不是「自己的想像」。研究發現安慰劑效果發生時，有催產素、內源性鴉片肽、內源性大麻素、多巴胺、抗利尿激素等物質分泌。內源性鴉片肽、內源性大麻素有很強大的鎮痛效果，會實際呈現減緩「疼痛」及「痛苦」的效果。

　　另外雖然還沒有充分的科學證明，研究者相信催產素也與安慰劑效果有很深的關係。

　　信任主治醫師，比較容易康復。信任主治醫師，會分泌催產素，提高免疫力，還有放鬆效果以及安慰劑效果。

　　善用催產素治療疾病（獲得血清素幸福），可是幸福的乘法技巧。

只要「相信主治醫師」，這麼簡單就能治好你的病，所
以一定要信賴、主動諮詢、相信醫師開的藥。這對你只有百
利而無一害。

阿德勒心理學也可以用「三種幸福」說明 🙌

雖說應該要「先信任主治醫師」，但仍有許多人認為
「沒辦法」「做不到」，那便是你無法幸福的原因。

自從暢銷書《被討厭的勇氣》上市以來，阿德勒心理學
掀起一陣風潮。心理學家阿爾弗雷德・阿德勒（Alfred
Adler）對於「無法信賴別人」的問題做出了明確的回應：
「我們必須要無條件信賴別人」。雖然可能會被討厭，但一
定要有「被討厭的勇氣」，不求回報，信賴他人。

阿德勒給出的理由是，對方是否對你有好感、是否信賴
你，決定權在他身上。對此你是無法控制的。因此，一味地
思考「對方怎麼想」毫無意義。自己能夠做的，就只有
「（不求任何回報、無條件地）信賴對方」。

接著你需要「貢獻他者」。「信賴他者」然後「貢獻他
者」。這並不是為了贏得對方信賴才「期待回報的貢獻」，
而是「不求回報地貢獻他人」。

藉由「貢獻他者」的行為，自己才能獲得「貢獻感」，

♥ 阿德勒心理學的幸福路徑 ♥

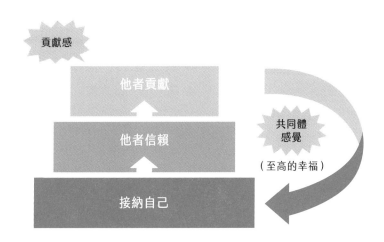

也就是「為人貢獻」「幫助他人」的感覺。這與我先前說的「自我重要感」很相似。

　　阿德勒所說的幸福路徑是「接納自己」→「信賴他者」→「貢獻他者」的循環構造。

　　首先要接納自己原本的面貌。不能接納自己，就無法開啟與他人的關係。

　　接著是無條件地「信賴他者」。信賴他人，視他人為夥伴，才能對他貢獻。

　　然後朝著「貢獻他者」的階段邁進。從他者貢獻獲得「貢獻感」（幸福感），肯定自己的價值。這能更強化「接

納自己」的部分，自己變強了，就更能夠「信賴他人」，他者貢獻也更進一步。

　　這樣的循環一直反覆，將會產生至高的幸福感──「共融感」（feeling of community），這就是阿德勒告訴我們的，前往幸福的路徑。

　　不擅溝通的人，對於「無條件信賴對方」「不求回報的他者貢獻」應該會相當排斥。但是我們已經學到了「幸福三層論」，你應該認識到阿德勒「無條件信賴對方」的主張在腦科學的詮釋上也是正確的。

　　理由就在於，催產素在「單方面信賴」「單方面親切」的狀況下也會分泌。對方喜歡自己或討厭自己都沒有關係。「無條件信賴」使催產素分泌，是向幸福邁進的唯一方法。

　　「共融感」換句話說，就是「對社群的歸屬意識」「貢獻感」與「關係感」。

　　「接納自己」→「他者信賴」→「他者貢獻」可以加強「共融感」而得到幸福。阿德勒心理學的幸福路徑就是擴大說明了本書所提倡的催產素幸福，以及得到幸福的真正方法。

催產素式的「結婚」論

結婚與「人生滿意度」調查

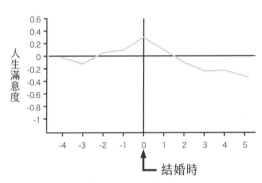

引用自Clark, Diener, Georgellis & Lucas（2008）

「結婚的幸福感」，2年就會開始遞減

在討論幸福時，你的腦中一定會出現這樣的問題：「結婚了就會變得幸福嗎？」

關於這個永遠的課題，我歸納出自己的看法。

有關結婚和幸福的問題，目前已經出現過非常多的研究了，我先介紹一個關於結婚與人生滿意度的有名調查。

從上面的圖表可知，結婚時「人生滿意度」會暫時上

升，大約過2年，對這種幸福習慣後，幸福度就會開始下降。

看了結婚2年，幸福就會遞減的研究數據，未婚者或許會覺得很失望，其實完全不必這麼想。

2、3年就遞減，是多巴胺幸福的特徵。彩券頭獎得主最顛峰的幸福感也只能維持2、3個月，再過2、3年，中大獎的幸福感應該會消失殆盡。

戀愛也一樣，剛開始交往的2、3個月打得火熱，接著慢慢消退，過個2、3年就會進入倦怠期了。世俗常說的「第三年的出軌」就是這麼回事。我先說結論，你應該已經發現「金錢」和「戀愛」其實是一樣的模式。

光看「結婚的幸福2年就遞減」這個數據，「想結婚」的單身族很可能打消念頭，我們再看看別的數據。

這是對全國成年男性2萬659人所做的調查，分別就未婚‧已婚者的幸福度實感，請他們從0到10評分，表中數據為回答的平均值。

「已婚者」比「未婚者」的幸福度，男性高1.62、女性高1.06。這表示已婚者感受幸福較多。

其中較有趣的地方是，未婚男性比未婚女性低0.63。女性通常溝通力較高，未婚女性朋友較多，只要不孤獨，幸福度自然比較高。

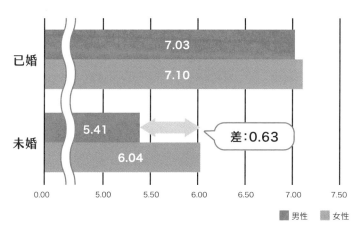

❤ 已婚、未婚與幸福度實感 ❤

已婚
7.03
7.10

未婚
5.41
6.04
差：0.63

0.00　　5.00　5.50　6.00　6.50　7.00　7.50

■ 男性　■ 女性

「PB地方創生幸福度調查」PiPEDO總研政策創造塾，2017年

　　先前說過我們生活在許多人際關係中，朋友、夥伴、情人、伴侶、夫妻、親子、職場的人際關係、興趣社團的同伴等，只要與這些人建立穩定、愉快的人際關係，就能增加催產素幸福。

　　結婚有了配偶，再有孩子，只要與配偶和孩子維持良好關係，幸福度就會上升。

　　但是，如果夫妻關係惡劣，總是爭吵不休，形成「壓力」，催產素幸福就可能會減少。

　　我不敢說「結婚一定會幸福」，但「結婚並建立良好關係，就能幸福」。

結婚之後，兩人一起努力維繫親密的關係，才能成為幸福的夫妻。

愛情的兩種模式 🙌

「愛」或「愛情」有兩種模式。懂得區別這兩種模式，戀愛關係就會發展得很順利。

有關愛／愛情的腦內荷爾蒙就是多巴胺和催產素。所以愛情的兩種模式可以分為「多巴胺式愛情」及「催產素式愛情」兩種。

「多巴胺式愛情」是熱愛、熱情的愛。帶著激昂、興奮、悸動的感覺。「想再見一面」「需要更多愛」，向對方要求「更多」。簡單說，就是「欲求的愛」。

另一種是「催產素式愛情」，是友愛、慈愛，讓人感覺放鬆、安逸、安心、信賴。只要在一起，就感覺很充實，得到滿足的愛。

典型的「多巴胺式愛情」如剛開始交往、打得火熱的情侶。

而「催產素式愛情」則是相伴30至40年的老夫妻。

換句話說，剛開始交往時，由「多巴胺式愛情」「熱烈的愛」主導，日後要轉換成「催產素式愛情」，才會是「永

續的愛」。

「催產素式愛情」不僅限於戀愛，「對家人的愛」及「與寵物的羈絆」也都是愛，可以直到天荒地老。

從結論來說，「多巴胺式愛情」必須轉換成「催產素式愛情」，才能得到長久穩定的夫妻關係。

從「多巴胺式愛情」學習告白和求婚的最佳時機

掌握多巴胺的特徵，你的戀愛策略會大大進步。

我有一個朋友，與女友同居了3年，最後還是以分手收場。他失戀後來找我諮詢，真希望他分手前就來找我。因為我知道多巴胺式愛情的熱度最多維持2、3年。他必須明白「熱情如火的愛，只能燒2年」。

許多人認為「交往時間越長，越可能結婚」，從腦科學的角度來看，「超過2、3年的交往，更可能會分手」。

所以說，如果你覺得「我愛這個人！」，就應該在2、3年內求婚。

多巴胺也是一種「產生動力的物質」，能促使我們勇於「挑戰」「行動」「決斷」的物質。

「求婚」「結婚」需要很大的精神能量。然而這個能量超過2年就會一下子消退，就算有「求婚」的念頭，也只會

♥「多巴胺式愛情」與「催產素是愛情」♥

多巴胺式愛情	催產素式愛情
熱愛、熱情的愛	友愛、慈愛
激昂感、興奮、悸動	放鬆、安逸、安心感、信賴感
心率↑	心率↓
想再見面 想被愛多一點（欲求沒有滿足）	在一起就夠了（滿足感）
一味求愛	滿足的愛
按耐不住（熱情）	自然地存在 自然地在一起（安心感）
容易戀愛上癮	不容易變成戀愛上癮
2～3年變冷淡	持續、永續

一拖再拖，結果就像我那個「同居了3年最後卻分手的朋友」。

　　還有，多巴胺愛情的短期高峰是2至3個月。這期間如果沒有獲得「回報」，多巴胺就會急速消退。假如你有喜歡的人，就要在2、3個月內表白。超過3個月都沒有進展的話，多巴胺愛情就直接退場。

　　「表白」也需要精神能量。超過3個月，「好喜歡她！」的興奮感、激情就會漸漸降溫，變成「可有可無」的感覺。最後就陷入「遲遲沒有對象」的狀態了。

催產素式夫妻關係

　　催產素幸福，是「BE的幸福」，「只要有你在，我就覺得很幸福」。如果你有這種感覺，那就是催產素幸福，它是不會變質的。

　　也有許多案例在結婚前覺得「只要有你在就很幸福」，但結婚後這種感覺卻很快就消失。

　　在一個屋簷下生活，心理距離會大幅縮短。心理距離縮短看起來很好，但其實並不見得。戀愛的時候都看不見對方的缺點、壞習慣，突然全都暴露時，真的會受不了。

　　心理學有所謂的「刺蝟困境」（Hedgehog's dilemma）。

寒風中有兩隻刺蝟，離得太遠，兩邊都會很冷，為取暖靠近一點，彼此身上的刺就會互相傷害。兩隻刺蝟只好時而近時而遠，設法找到不會傷害彼此的距離。

這個比喻告訴我們，心理距離太近會互相傷害，保持適度距離非常重要。

懂得「刺蝟困境」的概念，當心理距離太近時，就能理解夫妻為什麼容易吵架。

互相尊重對方的私人時間，包容對方的缺點或失敗，彼此認同。能夠從容應對的愛情，「跟你在一起很美好」「感謝你一直陪著我」「有你在身邊我覺得很幸福」，就是圓滿的催產素式夫妻關係。

要注意，結婚並不一定就能培養出「催產素式夫妻關係」。夫妻共同的「努力」和「相伴」是必要條件。如果總是「幫我做這做那」「為什麼都不幫我」這樣「以自我為中心」，一味要求對方，夫妻關係就會逐漸失去和諧。

結婚是一種「考驗」

結婚是什麼？這是另一個重要的課題，我先說說我的想法。

單身的人多半認為「結婚就是終點」。實際上也有人說

結婚是「達陣」。這完全是誤解。

結婚不是「終點」，而是「考驗」。

或應該說，結婚是「回到起點」。

情侶時期培養的「關係」「愛情」「經驗值」，經過「結婚」的儀式，變成了夫妻關係，一切都重新設定，好像完全回到起始點的狀態。

已經結婚的人應該懂我的意思。完全回到起始點，從零開始建立夫妻關係──這就是結婚生活，夫妻生活。

過程中會發生各種糟心事，也會有開心事。簡單說，就是各種「考驗」，「痛苦的」「辛酸的」「麻煩的」事，夫妻同心協力一起跨越，共同成長，一步步登上人生的階梯。

我再以角色扮演遊戲舉例說明。假設《勇者鬥惡龍1》（ドラゴンクエスト1）全部過關，接著要開始玩續集《勇者鬥惡龍2》，但《勇者鬥惡龍1》中得到的經驗值、關卡、裝備等，都不能帶到《勇者鬥惡龍2》使用。結婚也是同樣的道理。

人生的《勇者鬥惡龍1》是「一人玩家」，而人生的《勇者鬥惡龍2：結婚生活篇》新增了一個夥伴，「夫妻兩人」都是玩家。

打倒棘手的強敵獲得經驗值。而這場遊戲的「經驗值」是愛情，催產素幸福。藉著一起克服萬難，加深彼此的愛。

　　許多夫妻以為結婚時「愛情」的參數已經達到最高峰，其實只是誤會。他們沒有注意到在人生的《勇者鬥惡龍2：結婚生活篇》，「經驗值」已經初始化，互相為另一半的各種要求而爭執，導致夫妻關係漸行漸遠。

育兒也是「考驗」

　　「育兒」也是同樣的概念。孩子出生後，人生的《勇者鬥惡龍2：結婚生活篇》就結束，進入人生的《勇者鬥惡龍3：育兒篇》。藉著育兒設定新的目標，繼續追求自我成長，規則也會有所改變。夫妻關係也會因為孩子的出生而發生變化。

　　玩家又增加一人，形成「夫妻二人＋孩子」。這個階段當然也會發生許多麻煩事，但也同樣有開心事。

　　一家人同心協力克服困難，一起成長，親子間的愛或家人的愛（催產素幸福）做為經驗值，慢慢累積。

　　「不孕治療已經5年，還是沒有孩子。沒有孩子是不是就得不到幸福？」也有這樣煩惱的人。

　　催產素最棒的一點就是「不挑人」。有孩子固然比較容易得到催產素滿足的生活，但是除了孩子以外，還有其他催產素幸福，有其他的「關連」可以得到幸福。加深與伴侶之

間的愛、與朋友交流、參加社群等，都是催產素幸福。「孩子」並不代表一切。

催產素幸福與多巴胺幸福要相乘 🙆

本書所介紹「得到幸福的方法」——血清素幸福、催產素幸福、多巴胺幸福，「三種幸福」的組合，以及相乘增強效果的策略。這個方法也適用於結婚生活，我以圖示歸納總結。

達成某個目標後，過關就會有多巴胺，接著又出現考驗或問題，克服困難後，多巴胺又出現。「太好了，我成功了！」才剛完成任務，又發生危機，繼續面對克服，「成功！多巴胺來了！又可以繼續努力！」每一個「小課題」都是一層階梯，一步步升上去。這叫做「多巴胺階梯」，是「自我成長的階梯」。

夫妻生活必須是夫妻一起登上多巴胺階梯。催產素幸福是挑戰「人生的勇者鬥惡龍」，為攀登「人生的階梯」所需要的經驗值，也是過關的能量和武器。

在RPG遊戲中，每次升級，體力和攻擊力也會增強，得以迎戰強大的敵人；相同的道理，在「人生的勇者鬥惡龍」中，「催產素幸福」越多，就越容易登上階梯，「困難的問

❤ 結婚生活如《勇者鬥惡龍》 ❤

催產素

夫妻
（玩家）

自我成長與
多巴胺階梯

**結婚就是帶著催產素這個武器
一起攀登荊棘的階梯**

題」也能一一克服。

經過10年、20年，夫妻兩人都會發現，已經登上好多階梯，一路走來，兩人同心協力得到催產素幸福和多巴胺幸福。

通常我們必須在「愛」與「成功」兩者之間做出選擇，但其實「愛」（催產素幸福）與「成功」（多巴胺幸福）可以兩者兼得，催產素幸福是根基，而多巴胺幸福則是某個欣喜跳躍的瞬間。

婚姻生活不該是夫妻相互指責。兩個人都處在「等級」低的時候，會因為太無聊而爭執。同心協力贏得升級，一起

清點攀登過的階梯，「以前都為了雞毛蒜皮的事在吵架」，
自己都覺得可笑。

　　互相尊重，同心協力，夫妻各有成長，加強催產素式愛
情，得到催產素幸福，最後連多巴胺幸福都到手。這就是我
心目中幸福的婚姻生活。

夫妻一起執行感謝計畫

　　尊重對方，感謝對方，兩人一同合作，解決問題。夫妻
關係最重要的是心懷「感謝」。感謝的心能促進催產素分
泌。

　　前面說明了理想的夫妻關係，但一定有人正處在緊繃的
夫妻關係中。就讓我來告訴你簡單改善夫妻關係的方法。那
就是先前介紹過的「感謝計畫＆感謝日記」。每天對老公
（老婆）說3次「謝謝」，並記錄下來。你可能懷疑「就這
樣」？一個星期就能看到驚人的效果。

　　「謝謝你幫我倒垃圾」「謝謝你幫我買東西」「每天加
班到那麼晚，你辛苦了，我真的很感謝」「謝謝你等我吃
飯」「你每天都把家裡收拾得那麼乾淨舒適，謝謝！」

　　對日常的瑣事或小小的親切，試著說出「謝謝」，如果
不好意思直接說，也可以用LINE或臉書簡訊的「語音」

「文字」，說3次「謝謝」。

　　試試看，你會發現看起來很簡單，其實卻不容易。說一次還可以，但是要說3次，這就要仔細觀察先生（太太）的一舉一動，發現他們的「小親切」。這個方法幫助我們重新發現自己的另一半平時的「貼心」和「努力」，自己對伴侶的態度也會改變。

　　「1天3次的感謝計畫」認真執行1星期，平時只會針鋒相對的另一半，表情和說話一定會有所改變。你將會感受到驚人的變化，「只是這麼簡單的事，就讓一個人完全改變了」。

　　我們往往心裡「覺得感謝」，卻很少說出口。這實在很可惜。「謝謝」是改善人際關係的「魔法咒語」。總之，一定要找機會，把你心裡的「謝謝」傳達給另一半。

　　結論是，「結婚後能不能幸福」其實因人而異，完全看你和另一半如何努力。

　　唯一可以確信的是，結婚會讓我們有很多的學習，獲得「自我成長」的機會。即使失敗而離婚，收穫的教訓仍對人生有很大幫助。

　　所以，「結婚比較好？還是不結婚比較好？」這個問題，我的回答是「結婚比較好」。

▶▶ 第5章　總結

1　撰寫感謝＆感謝日記

2　撰寫親切待人＆親切日記

3　珍惜家人、朋友

4　學習人際關係

5　參與社群（結交夥伴）

6　經營社群（以自己為中心畫圓）

7　培育寵物、植物

【依重要度排序】

第6章 **獲得多巴胺幸福的七種方法**

幸福就是，順利完成任務的喜悅與在熱烈期盼中孕育新生。　　──聖修伯里（Antoine de Saint Exupéry）

多巴胺的光明與黑暗

若問起「你心目中的幸福是什麼？」你的回答會是什麼呢？

「事業成功」「社會成就」「財富」「購物」「社會地位和名譽」──也就是所謂的「成功・金錢」。本書歸類在多巴胺幸福的項目，是大多數人的回答。

事實上，根據我的調查（100人），若問起「你心目中的幸福是什麼？」有60%的人第一時間想到的就是「多巴胺幸福」。

「多巴胺」＝「幸福」是許多人的普遍印象，針對這樣的印象，我將在此回應「讓多巴胺分泌就能得到幸福」這個懸問的解答：答案是，不能。

若是在5年前，我們上網搜尋多巴胺，顯示的結果都是「幸福物質」「幸福荷爾蒙」等等，而這次當我執筆本書，再次搜尋「多巴胺」，結果顯示更多的竟是「成癮症」，這

讓我感到相當吃驚。再細讀英文網頁中關於「多巴胺」的解說，許多網頁都指稱多巴胺是「導致成癮的物質」。

多巴胺有著「幸福物質」與「導致成癮」兩種面貌。國外的網頁解說較多黑暗面的內容，甚至完全視多巴胺為「壞東西」，特別其強調「負面印象」，以提醒人們對多巴胺性的快樂。若是稍不謹慎，就可能就會導致成癮。

「光明」的那一面——自我成長的原動力

多巴胺有著光明與黑暗一體兩面，我們也曾經在第2章提到過，這裡讓我們再稍微複習一下。

首先是多巴胺的「光明」面。簡單說，多巴胺是與「自我成長」有關的物質。當我們的努力有了成果，內心呼喊著「成功了！」獲得了成就感，這種快感，就是來自多巴胺。你會想著「下次還要努力」，挑戰更難的工作或課題，再次得到結果。人們在重複這樣的過程中得以成長。

所有生物中，只有人類在科學或文化上得以進化、成長，這都要歸功於「多巴胺」。多巴胺讓我們產生「要更努力」「要做得更好」「要更方便」等，「想要更多」的念頭、衝勁、動力。

多巴胺也是關於「學習」的物質。簡單說，就是「讓頭

💜 多巴胺的光與影 💜

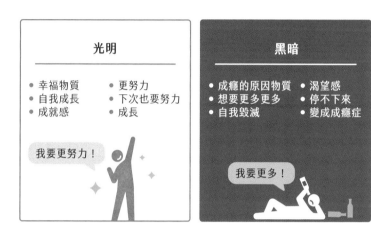

腦變聰明的物質」。多巴胺的分泌可以提升我們的專注力、生產力、動機，還會增強記憶力。使我們的「學習效率」大幅提高，加速自我成長的「學習物質」，就是多巴胺。

　　我們一邊感受著「開心」「興趣」「成功」「快樂」，一邊提高專注力、生產力、記憶力。以最高的效率自我成長，讓自己進化，更上一層樓——這種夢想般的「幸福物質」，就是多巴胺。

「黑暗」的那一面 —— 成癮的元凶

話說回來，多巴胺的分泌可不是「越多越好」這麼簡單。

多巴胺是一種「讓人需求更多的物質」。

在工作或學業上，追求「更多」的努力，的確是很棒。

事業成功、運動比賽奪冠、考試第一名——以上目標沒有一項是容易達成的，都必須投入非常多的「努力」和「時間」。藉著「自我成長物質」的多巴胺，達到自我成長而獲得幸福，真的很不容易。

相較於辛苦地努力，喝杯酒就能感覺到的幸福容易多了。一瓶2公升的燒酒都不到1000日圓。人總是會偏向「輕鬆」「簡單」「快速」，比起「努力做出成果才能得到的幸福」，「現在立刻就能到手的幸福（快樂）」當然更吸引人。

這樣的心態下，「想喝更多酒」的欲望一旦失控，就變成酒精上癮。

「想再多玩玩小鋼珠」的欲望失控，就是賭博上癮。

「想買更多東西，想去購物」的欲望失控，就是購物上癮。

「想一直打遊戲」的欲望失控，就是電玩上癮。

　　聰明利用多巴胺，可以加速自我成長和成功。但如果陷入多巴胺的黑暗面，終將變成「無法上班」「拒絕上學」的狀態，失去正常的人生。

　　多巴胺真的很難拿捏。「適度的多巴胺」是人生成功或失敗的分界點，也是決定幸福與不幸的關鍵。

🤸 獲得多巴胺幸福的方法1：
「感謝」財富和物質

　　許多人以為「有錢就是幸福」，但很遺憾，無論是經濟學或心理學的研究，得到的結果都是否定的。

　　先前介紹過的研究發現，財富所帶來的幸福在年薪達到800萬日圓時會開始遞減。而有錢人與窮人的幸福度調查也發現，有錢人的幸福度雖然高一點，但與窮人的數據也只相差一點點。

　　在第84頁的日本研究圖示中，我們可以看到，比起「所得」，「健康」「人際關係」「自我決定」與幸福度的關聯更高。

　　有研究指出，高額彩券得主的「幸福感」通常只維持幾個月到半年。反覆多次的多巴胺幸福會逐漸遞減、變質。即便是高達10億日圓的大獎，幸福度還是會在幾個月至半年就

劣化，無論有多少錢，都不可能得到永續的幸福。

但是，針對這個問題其實還是有解決之道的。得到財富、讓幸福持續下去是可能的。又或者說，不需要「大富」，小額的金錢也能獲得滿滿的幸福。這裡要教給大家「幸福的乘法」。

「財富專家」告訴你「用金錢得到幸福的方法」

有一本書叫做《快樂錢商》（一瞬で人生を変える お金の秘密 happy money），是暢銷作家本田健首度在美國出版的傑作。

在日本也相當有名的「財富專家」本田健先生告訴我們用「金錢」得到幸福的方法到底是什麼。

《快樂錢商》的重點，簡單說，就是「花錢的時候要感謝，錢就會再回來並且增加。所以我們要感謝金錢」。

說巧不巧，世界第一的心靈大師也說過同樣的話。

安東尼・羅賓斯（Anthony Robbins）的客戶都是來自世界各地的億萬富翁，據說每年的酬勞收入高達1000億日圓。他教授億萬富翁們賺錢、事業的成功法則，堪稱世界屈指可數的財富專家。

安東尼・羅賓斯出版了一本書，書名是《不可動搖的力

量》（*Unshakeable*），傳授有關「賺錢的方法」。年收入
1000億日圓的人在這本書中告訴我們「獲得財富最重要的
事」。這是想致富的人絕對有興趣的內容。

這本書裡的重點有哪些呢？他將致富的本質，寫在書的
最後：

> 歷經曲折的人生，無論任何時刻、任何地點，都不能忘
> 記感謝。心中沒有感謝的人，就算獲得財富，多半也會
> 不幸。只有心懷感謝使用金錢的人，才能擁有幸福的財
> 富。
>
> （安東尼・羅賓斯，《不可動搖的力量》）

想要致富，感恩的心不可或缺。這與本田健的《快樂錢
商》得到是相同的結論。

為什麼感謝就能致富？

為什麼會感謝的人，能夠吸引財富？

讀過理財、自我啟發書籍的人應該都知道，「對金錢感
恩的人，就能吸引財富」「心懷感謝的人就會成功」，10至
20年前的書就寫著這些。但是，沒有一本書寫出其中的科學
根據。那些書完全是「作者的經驗」或是「億萬富翁們的觀
察」，有些則是從心靈的角度告訴人們這項發現。

懂得感謝的人就能致富的科學理由 🙌

「感謝金錢就能致富」──我以腦科學的角度來告訴大家這是什麼道理。那就是多巴胺幸福（金錢的幸福）與催產素幸福（感謝）結合的結果。

感謝和親切與催產素的分泌有關，催產素幸福在第5章有詳細的說明。一般我們花錢，只能得到多巴胺幸福，把「金錢的恩惠」「金錢的重要」忘得一乾二淨。「想要更多更多」的結果，眼裡只有錢，變成守財奴。花錢如流水、用在錯誤的用途、投資失敗、遇到詐騙等。

當我們懷著感恩的心使用金錢時，除了「得到錢好高興」的心情之外，還會加上各種感謝：「感謝為自己付出金錢的顧客」「感謝每一位社員」「感謝幫公司製作商品的外包公司」「感謝支援自己工作的事業夥伴」等等。

簡單說，賣出1萬日圓的商品時，不會感謝的人想的是「賣了1萬日圓的商品，好高興！」，這只不過是「100%的多巴胺幸福」。

賣出1萬日圓商品，同時感謝顧客、社員、來往公司、事業夥伴等，各種對營業額有貢獻的人，同樣的「高興」，卻包含了「70%催產素幸福及30%多巴胺幸福」。

帶著感謝、感謝心情工作的人，可能是「99%催產素幸

福加上1%多巴胺幸福」。

　　如先前所述，多巴胺幸福很快就遞減，催產素幸福卻不會遞減。心中沒有感謝的人，最初會為了賣出「1萬」而高興，但很快就麻木，接下來不賣出「5萬」「10萬」就不會滿足。不久之後，沒有達到「100萬」不罷休。

　　換句話說，就算營業額上升，公司成長，都感覺不到「滿足」或「持續的幸福」，所以永遠都得不到幸福。

　　對金錢感謝的人，會感謝賣出「1萬日圓」。

　　若賣出「10萬」，會感受到「10次1萬的感謝和喜悅」。賣得越多越快樂，充滿幸福。

「人和」能召喚財富

　　一家只在乎數字、營業額、業績，社長是守財奴的公司，與一家總是感謝顧客、員工、來往公司，社長充滿人性溫暖的公司。你想跟哪一家公司交易？想買哪一家公司的商品？

　　結果當然是「懂得感謝1萬日圓的人」，能夠召喚下一個1萬日圓。

　　錢，是人支付的，因為有人與人的「關連」和「信賴」，商品才得以賣出，商業的交易關係才能成立。

　　懂得感謝與親切、貢獻社會、希望為自己與對方（顧客、員工、交易對象）甚至為社會全體的幸福盡一份力——這樣的人、這樣的公司，自然會有好人緣、獲得信賴。信賴的對價就是金錢，所以可以召喚財富。

　　為感謝與親切花的錢，不只是自己得到催產素幸福，連對方的催產素幸福都一起滿足。得到滿足的對方產生了「信賴感」，於是想要購買這個人、這家公司生產的商品。

　　催產素幸福不會遞減，不會變質，感謝、親切帶來的「信賴」也不會變質，反而會不斷累加。他人的「信賴」與「金錢」螺旋，會一直增加。

　　不僅是對「金錢」的感謝，對「物品」和「食物」懷著感謝，我們的欲望就不會失控，而是得到滿足與幸福。

🧍 獲得多巴胺幸福的方法2：
給自己設限

　　多巴胺幸福會遞減，容易變質。那麼，有什麼方法可以讓多巴胺幸福不變質，還可以細水長流呢？答案是：「給自己設限」。

　　加拿大卑詩大學的伊莉莎白・丹（Elizabeth Dunn）博士曾經做過一項有趣的研究。她讓兩組人先吃1星期巧克

力。到了隔周，A組禁止吃巧克力，B組可以盡情吃。

下一周，再讓兩組人吃巧克力，然後調查他們「開心」的程度。結果發現，盡情吃巧克力的B組對吃巧克力帶來的愉悅明顯比前一周減少了。而一度被禁止吃巧克力的A組都感覺比之前「更開心」。因為有「限制」，感知「開心」的能力再度復活，幸福度和滿足度也都提升。

多巴胺會讓我們想要「更多更多」，一直索求「報酬」「欲望」。漸漸地，「更多更多」的念頭停不下來，無法靠自我意志控制的狀態，就是「成癮症（成癮）」。

反過來說，在演變成成癮症前，我們可以靠自己的意志忍耐，壓抑「想要更多」的欲望。做不到的人，他就是上癮了。

手機、電玩、酒等，有「節制」地享受多巴胺性的娛樂，可以防止幸福度遞減，預防成癮，快樂才能細水長流。

以下我會列舉現代生活中每個人都可能成癮的例子，告訴大家有什麼對策可以節制。

> ### 狀況 1　限制飲酒量

試著制定在家喝酒的規則：「罐裝啤酒1天最多2罐」。

只要你能遵守規則，就不至於變成酒精成癮吧。如果「好想再喝1罐」，這就是「想要更多的欲望」，必須控制自己。

每天喝得醉醺醺的人，「對酒的感謝」很薄弱，酒的「滋味」也早已不是重點了。單純只是想「喝醉」而已。

遵守「1天最多2罐」規則，因為「只能喝2罐」，每一口都要細細品味，這才有飲酒的樂趣。

「1罐啤酒」得到的「喜悅」與「滿足」，因為有了限制而大幅增加。

如果健康檢查的GOT、GPT、γ-GPT等肝功能指數偏高，這就是肝臟已經受損的證據。身體發出「請限制飲酒」的警訊，一定要在失去健康（血清素幸福）前，「限制飲酒量」。

每周定2天的休肝日（不喝酒的日子），只是連著2天不喝酒，就能有效降低肝功能指數，也可以預防成癮。

制定自己的飲酒規則 🙌

說起喝酒，我也是愛酒一族。所以我自己定了「在家不喝酒」「在家不晚酌」的規則。喝酒只限於「飯局」，跟別人吃飯的時候才喝酒。不過，「飯局」的時候就不限制飲酒量。

　　雖說不限制，其實連著有飯局的日子很少，所以一個星期有3、4天喝酒，但滴酒不沾的日子也有3、4天。有時候工作特別忙，整個星期都沒有飯局，等於「禁酒」1星期。

　　我雖然愛喝酒，但一個星期的飲酒總量，應該不會太多。健康檢查時，也不曾發現肝功能的GOT、GPT有異常的情形。

　　飲酒有節制，就算上了年紀，也可以健康地享受喝酒的樂趣。能長久享受，有了血清素幸福與多巴胺幸福，再加上以酒會友的交流得到催產素幸福。能夠節制喝酒的人，「三種幸福」都能全部到手。

　　而控制不了喝酒的人，很可能陷入酒精成癮。損害肝臟、胰臟等器官，也會增加其他疾病的風險，終將侵害自己的身體（失去血清素幸福）。酒品不好導致人際關係惡化，對家人的暴力或言語傷害，家庭關係因此破裂。最後妻離子散（失去催產素幸福）。只為了醉醺醺，任由惰性使然恣意喝酒，但其實喝了也不是真心享受（失去多巴胺幸福）——所以他是「三種幸福」都失去。

状況
2 ｜ 限制遊戲時間

　　電玩、或是手機遊戲這些東西非常好玩。怎麼也停不下來，回過神才發現已經連續玩了4、5個小時。很多人都有這種情形。「遊戲很好玩，又不是要花好幾萬，有什麼關係」，話雖然如此，玩過頭不但浪費時間，對健康和心理也有很不好的影響。

　　「輟學」或「繭居」的人大多是沉迷「電玩」或「網路」，每天熬夜玩到凌晨3、4點。犧牲睡眠時間，導致精神不濟。漸漸地，生活日夜顛倒，不能上班或上學。這就是「輟學」或「繭居」的開始。

　　「喜歡打遊戲，但還是正常上班上學」的人若也是玩到凌晨2、3點，當然就會「睡眠不足」。每天睡眠不足去上班，工作表現低落，日積月累下來，在公司的評價也會大幅降低，最後失去社會成就（多巴胺幸福）。

　　睡眠不足會增加罹患癌症、腦中風、心肌梗塞、憂鬱症、失智症等各種疾病的風險，機率高達數倍，這表示將失去健康（血清素幸福）。

　　打遊戲多半是關在房間裡，不跟人來往，所以如果到達成癮症的地步，就會出現「社交障礙」。換句話說，催產素

幸福也沒有了。

不能節制打遊戲和不能節制喝酒一樣，「三種幸福」會全部消失。

> **狀況 3**　限制手機使用時間

你一天花多少時間在看手機？根據行動裝置專門調查機構MMD研究所對2712人所做的調查，使用手機時間超過4小時以上的人，占了全體的33%。20多歲女性大約有50%，而10多歲女性中，一天玩手機超過10小時的人竟然有11.3%。

看來手機成癮傾向的情形已經相當嚴重。每到休息時間一定要看手機、搭上電車立刻拿出手機、躺在床上也要看手機——這些人都是手機成癮的預備軍了。

有些人根本不是有什麼特別想看的內容，茫然地看著網路社群，盯著螢幕幾十分鐘，就是很典型的手機成癮。

看著手機，多巴胺就會分泌。一天看100次，多巴胺就分泌100次，但是很快就會因為「慣性效果」，再也沒有一開始的那種喜悅與快樂。

實際上，夜晚的電車上幾乎所有人都在看手機，所有人的嘴角都是向下，毫無樂趣的表情。鮮少有人是帶著笑容，

開心地看著手機。沒有什麼樂趣也要開手機來看看，這就是
手機成癮的徵兆了。

防止手機成癮的好方法

　　預防手機成癮的方法，或是擺脫手機成癮的方法──那
就是「物理性限制」手機的利用時間。

　　我最推薦的方法是：不要帶充電器。你一定想問「不帶
充電器出門，萬一手機沒電怎麼辦」。就是因為「手機沒
電」，才不能使用手機。新買的手機，或是剛換的電池就另
當別論，一般手機的電池在線時間大概2至3小時吧。

　　換句話說，不帶手機的充電器，你就會只在必要的聯絡
（網路社群），或是有一定要看的內容才用手機。如果是漫
無目的、茫然地盯著手機畫面，電池很快就沒電，這樣便大
幅縮短無謂的手機時間。

　　雖然很不方便，但現在的手機就是太方便，一支手機像
是「百寶箱」，包羅萬象的便利性，迫使我們陷入「中毒症
狀」和「成癮」。

　　隨身帶著大容量行動電源的人，已經是手機成癮的預備
軍，應該要在真正成癮之前，趕快限制手機的利用時間。

　　工作必須使用手機的時候，「晚上如果電池沒電會很麻

煩」，這種情形可以利用限制手機時間的APP。

　　例如，將手機使用時間設定為「3小時」，開始倒數計時後，超過限制時間，就會啟動暫停手機的功能。也有限制「APP」使用時間的功能，只限制與工作無關的遊戲APP，也是很好的選擇。

　　真正的手機成癮很難醫治，一定要在還不嚴重的時候，開始限制手機的使用時間。

🧍 獲得多巴胺幸福的方法3：感受每天的自我成長

　　我常在推特上看見「什麼自我成長，我一點都不想要。現在這樣就夠了」的言論，自我成長到底是必要，還是不需要？

　　看到這些言論，我猜大家對「自我成長」的概念應該是「孤注一擲，投入畢生的努力，達到目的」「耗費幾個月，甚至幾年，拚一把大的」這樣的印象。其實自我成長每天都在發生。

　　我對「自我成長」的定義是，「昨天不會做的事，今天會了。昨天不知道的事，今天懂了」。讀一本書，學到「以前不知道的事」，這就是「自我成長」。

我們每天都在學習新知

　　我有在學傳統武術，包括居合道、劍術、拳法、柔道等，每次練習2、3個「招式」。一開始以為就是依樣畫葫蘆，結果完全學不像。但是一個招式練個15、30分鐘，漸漸就得心應手了。

　　2小時訓練下來，我學會了2、3個新招式。這不是「自我成長」什麼才是？

　　短短2小時就能自我成長，我們每天都在自我成長。遺憾的是，每天都在發生的事，大家卻沒有察覺。

　　參加興趣社團，例如去學「手工藝」，每次都會學一種新的「編織法」。或是一樣的編織法，學習更上手的訣竅。這當然也是自我成長。

　　每天去公司上班。藉著每一件工作，即使是很小的工作，你也會有所成長。可能是微不足道的「小成長」，但長久累積下來，1年後、3年後就會變成「大成長」。

　　許多人總以為自我成長就是要花上好幾年，長期努力才能得到的「大成長」。所以才會說「自我成長很辛苦」「我不用費那麼大勁求什麼自我成長，維持現狀就好了」。

　　每個人每天都在自我成長。每一次的進步都會分泌多巴胺。「學會新的東西了！太棒了！好開心！」等心情，就是

💗 人每天都在自我成長 💗

認為「自我成長在頂峰」的人

⬇

因為「很辛苦」而感到挫折

認為「爬上一階就是自我成長」的人

⬇

因為「很開心」所以輕鬆登頂

下次努力的動力。

　　只是這種每天的多巴胺分泌是非常微量的，如果我們不刻意感知「今天有一點小成長，真開心！」，就會錯過。

能否感知自我成長 🙆

　　能夠意識每天「小成長」的人，就能強烈感知「自己在成長」「自己學會了」。

　　工作、學習、運動、興趣、技職，任何事都一樣。看見「正在成長的自己」是非常開心的，你會想要「更努力地繼

續下去」。

把注意力放在「辛苦」「麻煩」的人，覺得「我都已經這麼努力，也沒有人肯定我」「這麼努力才得到一點點成果，不想做了」，這些念頭都會使動力降溫。

結果表現不佳、無法持之以恆、挫折連連。一點好處也沒有。

一樣的努力、一樣的付出，能夠自覺「小成長」的人，3年後一定能獲得大成長。明明有「小成長」，卻沒發現、察覺不到的人，失去動力，無法持續，終將挫折。

即便是同樣的努力、同樣的付出，一個念頭就能決定你過得「幸福」或「不幸」。

🧍 獲得多巴胺幸福的方法4：
走出舒適圈

「不想失敗，所以不想挑戰」的人很多。

但如果你想要得到多巴胺幸福，我建議最好嘗試一下挑戰。因為挑戰是最短的捷徑。

我們都住在舒適圈裡，舒適圈在動物界就是所謂的「地盤」。

舒適圈是我們平常行動的範圍。平時出沒的場所、地

💜 走出舒適圈 💜

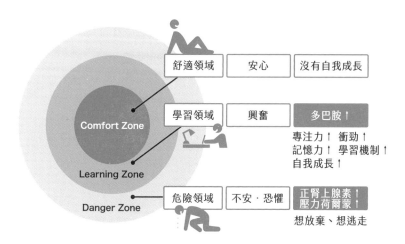

舒適領域	安心	沒有自我成長
學習領域	興奮	多巴胺 ↑

專注力 ↑　衝勁 ↑
記憶力 ↑　學習機制 ↑
自我成長 ↑

危險領域	不安・恐懼	正腎上腺素 ↑ 壓力荷爾蒙 ↑

想放棄、想逃走

Comfort Zone

Learning Zone

Danger Zone

區、平時常見面的人，生活在這當中，我們非常安心。

公司的工作也是，如果是跟昨天一樣的工作，失誤或搞砸的風險就會低上許多。若是派到沒做過的工作，必須學習新的事物，精神上也會相當有負擔。而且因為沒經驗，失敗的風險當然就大多了。

我們要「走出舒適圈」，為什麼必須走出來呢？這樣做有比較好嗎？因為走出舒適圈才能「自我成長」。

先前我說明了自我成長的定義：「昨天不會的，今天會了。昨天不知道的，今天懂了。」「不會的事情」學會了就

是自我成長，不走出舒適圈，哪來的自我成長？

將「夢想」細分化 ✨

　　說到「去挑戰」，許多人因為「不想失敗，不想做」而退縮。如果不想失敗，可以設定「不會失敗的目標」。

　　大家都把「目標」看得太高了。最終要實現的目標可以高一點，但是現階段應該挑戰的「直接目標」沒必要那麼高。

　　假設孩子說「希望跳箱可以跳到第8層」。他現在可以跳到5層，所以要怎麼練習呢？他應該先練習跳到「第6層」。略過6層、7層，直接就跳「第8層」的話，恐怕跳不過去，還可能會受傷吧。

　　現實世界中，有很多類似的例子。「最終的目標」「理想」「夢想」可以很大，不過要把它細分為十分之一，或百分之一，努力達成現階段的目標，例如「本月目標」就好了。

　　舒適圈外面有學習領域和危險領域（如上頁圖示），可以跳過跳箱5層的孩子，「挑戰6層」是學習領域，而「挑戰8層」則是危險領域。「挑戰失敗會很難過」是因為直接要挑戰「危險領域」中辦不到的難題，不禁感到「恐懼」「害

怕」，然後就不想挑戰了。

與現在的實力相比，稍微難一點的課題，我把它稱做「微難」。雖然稍微有難度，但盡全力拚一下就可以成功的就叫「微難」。

多巴胺喜歡「微難」的挑戰。挑戰「微難」課題時、成功時，多巴胺都會充分地分泌。

不過，當我們挑戰「怎麼看都不會成功」的課題時，大腦會產生排斥反應。多巴胺完全不會分泌。我們常聽到的「不想失敗，不想挑戰」正是大腦的排斥反應。

我們可以把舒適圈稍微擴大一點，當然也是要借助多巴胺的力量，不必吃苦，開開心心地就可以達成。

把你想像的挑戰，細分成「十分之一」試試看。反覆下來，只要短短一年，你絕對會收穫很大的「自我成長」

把「不會」的事變「會了」，是非常開心的。挑戰「微難」，達成目標。這就是持續獲得多巴胺幸福的循環。

重複「小挑戰」，每個人都能得到多巴胺幸福。如果放棄一切挑戰，那就等於放棄「幸福的機會」了。

「害怕挑戰」是預設值，不必在意

重複小挑戰就能幸福。儘管如此，為什麼人還是害怕挑

♥ 寶物都在舒適圈外面 ♥

戰？因為「害怕挑戰」是動物的本能。

　　所謂挑戰，就是「走出舒適圈」。舒適圈是動物的「地盤」，走出「自己的地盤」，不知道會被什麼外敵侵襲，誤入別人的「地盤」成為入侵者，一定會遭受攻擊。越是原始的生物，「離開地盤就有危險」的觀念越根深蒂固。

　　但是，人類是高等生物，我們能讓使用「語言」和「理論」的大腦進化。杏仁核是原始腦，能敏銳地感知「危險」，而大腦皮質的前額葉能夠做理論性的思考，抑制杏仁核，選擇「挑戰」。

人類藉著挑戰，發展科學和文明，「害怕挑戰」的人，可能只是杏仁核這個原始腦較強勢而已。

平時壓力大、睡眠不足、大腦疲勞的狀態下，杏仁核容易興奮。

多巴胺幸福存在於舒適圈外面。

角色扮演遊戲的寶物都在地下。最貴重的寶物藏得最深。冒險的起點「出發之村」商店裡沒有賣「貴重的寶物」。為了得到寶物，我們要走出「出發之村」（舒適圈）去冒險。

其實舒適圈裡面也有寶物。就是「健康」的血清素幸福與「人和」的催產素幸福。因此，血清素幸福與催產素幸福還不夠的人，出發去冒險之前，應該先充實這兩種幸福。

血清素幸福與催產素幸福是根基，就算挑戰失敗，還有人會鼓勵你，體力和精神都不至於受到太大的傷害。所以根本沒有必要害怕失敗。

興奮感是「傑克船長的羅盤」！

雖說「要挑戰新事物」，應該有很多人「沒有什麼特別想做的事」「不知道要挑戰什麼」。

增加多巴胺幸福，不妨把人生當作冒險遊戲一樣，帶著

「興奮」的心情挑戰。

　　遇到自己有興趣的事、看似好玩的事，我們都會覺得「很興奮」，這種情緒就是腦內物質多巴胺。多巴胺的分泌能使大腦活化，提升專注力和記憶力，增強學習能力。

　　「感覺興奮」就像是啟動「狂戰士」魔法。「狂戰士」是電玩《太空戰士》（Final Fantasy）中的一種強力魔法，可以在限定時間內將攻擊力升至最強，像發狂的戰士一般戰鬥。換句話說，使用「狂戰士」魔法，就算遇到平時無法打倒的強敵，也能簡單擊垮。

　　「感覺興奮」卻什麼都不做的話，就像是白白發動「狂戰士」，卻不與怪獸戰鬥，只是坐等魔法時間結束，非常可惜。

　　「感覺興奮」是人生的機會，這也關係到我們的「適性」與「潛能」。當我們遇到「真正想做的事」，就會「興奮」起來。

　　「興奮」就像電影《神鬼奇航》（Pirates of the Caribbean）中「傑克船長的羅盤」。這個羅盤指的不是北方，而是擁有者最想去的方向。

　　「興奮」也一模一樣，當我們遇到「真正想做的事」「真正想要的東西」，就會發生。

　　「興奮」多半發生在舒適圈外面，可能也同時有不安或

🤍 興奮感就是傑克船長的羅盤！ 🤍

興奮感　　　心裡想做的事

恐懼。所以我們常常覺得興奮，卻忍痛拒絕。

例如，朋友邀約參加令人興奮的活動，你卻推辭說是因為「工作很忙」或是「沒有錢」。但那並不是你的真心話，是你心中的「不安」讓你說出那樣的話而已。

你手上有「傑克船長的羅盤」，那是幫助你察覺自己真正想得到東西的最強工具！為什麼不相信興奮感這個最強的羅盤呢？你擁有得到幸福的「答案」，羅盤就指著那個方向。

坦率跟隨你心中的興奮感，如此，你就能走向最符合自己的「幸福」、只屬於自己的「幸福」。

即使目標沒有達成也有多巴胺 🙆

說要「走出舒適圈」「挑戰新事物」，一定會有「不想失敗」「不想受傷害」「失敗了怎麼辦」這樣的反應。

失敗完全不是問題。多巴胺是自己設定目標，朝著目標努力時就會分泌的。目標達成時也會分泌，但有研究發現即使目標沒有達成，多巴胺照樣分泌，幸福度也會提升。

例如，一項以猴子進行的動物實驗，利用發出某種聲音就會流出少量果汁的裝置，加以測試猴子的多巴胺分泌。在聽到聲音之後，分泌量就會增加，甚至比實際喝到果汁時更多。而設定發出2次聲音流出1次果汁時，多巴胺分泌最多。

也就是說，實際獲得報酬前會分泌大量多巴胺，沒得到報酬時，只是聽到聲音（期待），多巴胺就分泌。

挑戰自己設定的目標「試試看」，只是行動，不論結果如何，多巴胺都會分泌，讓我們感覺幸福。

「只是挑戰就能得到多巴胺幸福」，不挑戰看看絕對是損失。若是如此，你還會選擇「不挑戰」嗎？

獲得多巴胺幸福的方法5：
提升自我肯定感

　　讀到這裡，還是有人會嘴硬：「我就是不求自我成長」。

　　常常有「不求自我成長」的人傳送郵件或訊息給我，有些則是有直接見面的機會，而他們的共通點是「自我肯定感低」。

　　因為「自我肯定感低」，所以「沒有自信」，極度「不想因失敗而受傷」。

　　有血清素幸福、催產素幸福的根基，再朝著多巴胺幸福前進。這個順序本書已經強調很多次。

　　自我肯定感低的人，有沒有這些「幸福的根基」？不要說根基了，整個基礎都是非常不穩定吧。

　　自我肯定感的高或低，是包含在「三種幸福」的血清素和催產素當中。

　　首先，從「心靈健康」上來說，自我肯定感屬於血清素幸福。

　　但是從自我肯定感的培養來考慮的話，親子關係、年幼時期的人際關係，或是長大後的交友關係、戀愛關係等，有或沒有「穩定的人際關係」影響非常大。這些都是催產素幸

福。

自我肯定感低的繭居青年，整天在家沉溺電玩和動漫的生活，不可能有一天突然自我肯定感升高，還積極地說：「我要去上班！」

要提高自我肯定感，「成功體驗」有很大的關係，但就算打電玩贏100次，對人生也沒有什麼加分。「成功體驗」是要受到他人讚揚，才能提高自我印象，提升自我肯定感。

想到這一點，「不想自我成長的人」，因為「自我肯定感低」，更應該比一般人多挑戰，來提升自我肯定感。

「自我肯定感」不是生下來就有的，它會變化，只要努力，想升多高就有多高。

自我肯定感直接綁定幸福度

自我肯定感與幸福度有著密切的關係。自我肯定越高，越容易感知幸福；自我肯定感越低，越感受不到。

「我想要幸福」，如果是真心的，就一定需要自我成長和成功的經驗，來提升自我肯定感。

根據世界展望會「先進國家兒童的幸福感」調查，日本兒童的「精神幸福度」竟是世界最糟的第二名。「精神幸福度」是從自我肯定感或自殺率來評定。日本內閣府針對主要

7國的13至29歲青少年及年輕人所做的調查，日本人的自我
肯定感在7國中排名最低。

　　日本孩子、年輕人的自我肯定感是世界最低水準。自我
肯定感低的不是只有你，這已是日本的普遍（尤其年輕人）
現象了。

　　而上述調查中，還有一項值得注意的結果，日本的總排
名在38國中排名20，但是在「身體健康」這項，日本是第
一。換句話說，也有好的部分。只要再提高自我肯定感，日
本人的幸福度可以大大提升。你的自我肯定感可以提高的
話，幸福度當然也能提高了。

新的人際關係能提升自我肯定感

　　如何提高「自我肯定感」？答案是「穩定的人際關係」
及「成功的體驗」。

　　從來沒有被愛過的人，自我肯定感一定低。你目前與認
識的人之間（例如與父母），若關係很糟糕的話，要修復並
不容易。不如到舒適圈外面尋找信賴你的朋友，或是愛你的
情人會比較快。

　　又比如說，理所當然地做現在自己能夠做到的事，不會
有成功體驗。挑戰「微難」，獲得「小成功」，反而能夠累

積成功體驗（遊戲經驗值），自我肯定感（體力或攻擊力）也會一點一點提升。

我們的人生和角色扮演遊戲非常相似。

走出舒適圈，累積小成長，慢慢擴大舒適圈，提升自我肯定感。這不是什麼精神喊話，而是有腦科學根據的事實。

「我害怕失敗！」「不想挑戰！」「不需要自我成長！」越是這樣嘴硬的人，越需要走出舒適圈。面對自己內心真正的問題，接受它、克服它，自我肯定感才能提升。

當你卸下自己的「限制器」（阻礙自我成長的枷鎖），自我成長將會爆發，成功扭轉人生。我已見證過許多例子。

所以，我想告訴大家。

寶物就在舒適圈外面。只要拿出一點勇氣，拿到那個「寶物」是很簡單的事。

自我肯定感低的人容易成癮

「你說這麼多，我還是覺得很麻煩啊。我不想提高自我肯定感，也不想自我成長。」

一個人自我肯定感低落的日子久了，多巴胺會失控，很容易成癮。

從精神醫學的角度來看，成癮的一個原因就是「自我肯

定感低落」。

　　成癮有三種，沉溺於人際關係（親子、戀人等），物質（抽菸、喝酒、藥物等），或行為（賭博、購物、電玩、手機等）。

　　自我肯定感低落造成沒有自信，比起自己的情緒和本心，別人的意見影響更大。總是在意周圍，充滿警戒。心神不安，壓力又大的情況下，就會想要逃避，轉向容易得手的刺激或快感，並沉溺下去，終至成癮。

　　自我肯定感高的人，就算有壓力，也不會受太大影響，不會想藉喝酒來逃避，或是迷失在賭博或購物這類短暫的快樂。

　　不會成癮，感受幸福，光是這兩個理由就知道自我肯定高一定比低好的道理。

獲得多巴胺幸福的方法6：樂於給予

　　貢獻他者、貢獻社會可以使自己變好，所以「要積極地投身他者貢獻、社會貢獻」。也有人對此持反對意見：「我們不可能像德蕾莎修女或耶穌基督那樣犧牲自己」。

　　華頓商學院心理學教授亞當・格蘭特（Adam Grant）的

💜 成功的給予者／燃燒自己的給予者 💜

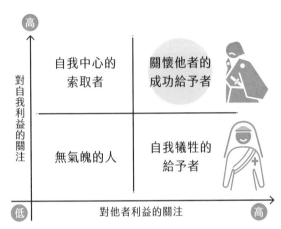

摘自《給予》（亞當·格蘭特）

世界級暢銷書《給予》（*Give and Take*）探討的就是這個問題。他的結論令人意外，「我們『給予』的時候，不必毫無保留地奉獻、犧牲自己，而是可以要求『自我利益』的」。

格蘭特將世上的人分為三種，給予者（GIVER）、考慮得失平衡的互利者（MATCHER）、索取者（TAKER）。你覺得這三種人當中，最成功的是哪一種？最失敗的又是哪一種？

以常識來思考，應該是「給予者」最成功，「索取者」最失敗吧。

　　實際上，最成功的的確是「給予者」，但意外的是，最失敗的也是「給予者」。原來有「成功的給予者」以及「燃燒自己的的給予者」之分。

　　如上圖，從「關注自我利益」與「關注他者利益」來思考，人可以分成四種模式，而「他者利益關注較強」（給予者）又有「對自我利益關注較強＝關懷他者的成功給予者」以及「對自我利益關注較弱＝自我犧牲的給予者」兩種。

　　自我犧牲的給予者，也就是不求回報的志工精神，全心全意，奉獻自己，不斷給予。例如德蕾莎修女、耶穌基督的印象。但是，這種自我犧牲式的志工活動長久下來，精神上幾乎燃燒殆盡。

　　長年單向輸出的給予，一般人根本做不到。結果導致精疲力盡，沒有辦法堅持下去。這就是失敗的給予者。

停止自我犧牲式的他者貢獻！

　　那麼，成功的給予者，或稱「關懷他者的成功給予者」是什麼樣的呢？給予、給予，然後獲得。即使給予多過獲取，也不致丟失自己的利益，這就是「關懷他者的成功給予者」。

　　我覺得最接近這個形象的，是坂本龍馬。高喊「改變日

本！」並四處奔走，是揭開近代日本序幕的大功臣，然而他離開土佐藩後就沒有工作。前途茫茫的狀態下，他成立了龜山社中和海援隊。這些組織算是日本株式會社的先驅，藉著貿易等生意獲得資金，購買船隻和武器，成立民兵軍隊，擴張影響力。換句話說，「改變日本」這個政治活動（志願活動）是靠著「賺錢」的經濟活動在支撐。

許多人以為參加志工、他者貢獻就要「捐出自己的錢」「投入私人財產」，這樣其實無法凝聚成大型活動，燃燒殆盡也是很正常的。

例如，有所謂非營利組織，除了從事社會貢獻活動，也需要「活動資金」及「人員薪資」。組織的活動目的是「社會貢獻」，為了對全日本、全世界推廣活動，沒有活動資金也無法營運。

所謂給予，並非只限於「金錢」，還有「資訊」（教人資訊或知識）、「勞動、勞力」等各種方式。東日本大地震時，有人「捐錢」，有人「捐物」，也有實際到災區參與協助清理瓦礫的志工，也就是以「勞力」救援的人。給予的方式是有各種形式的。

而給予的結果是獲取「自我利益」，除了「金錢」，還有被說「謝謝」感覺開心的「滿足感」，或「成就感」「尊重」等，精神上的「回報」也包含在內。

💜 給予可以獲得利益！💜

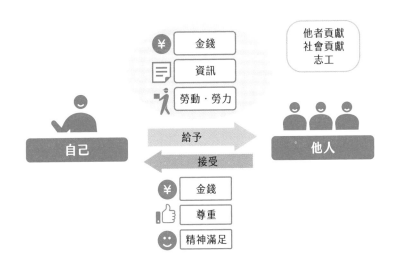

參加他者貢獻、志工活動，收取「對價」「自我利益」是可以的。什麼都沒收取，完全的「自我犧牲」行為，還沒有「成功」，就已經先燃燒殆盡了。

有不必犧牲自己的給予方法 🙌

《給予》一書中列舉了3個「不用犧牲自己的給予方法」，以下我來一一介紹。

(1) 幫助別人可以「一次集中執行」

比起每天一件一件地給予，不妨一次集合5天的分量一起執行。其餘4天都不做。「統括給予」在精神上比較輕鬆，也比較容易持之以恆。

(2) 100小時規則

「一個月只參與志工活動100小時」，自己設定上限。毫無限制地進行，其實壓力很大。有了限制，就會激勵自己在限制的時間內完成。

(3) 接受周圍的支援

志工活動或貢獻他者，不要自己一個人太努力。有困難、煩惱的時候，可以找比較有經驗的人商量，接受支援和建言也很重要。獨自埋頭努力，很容易燃燒殆盡。

「給予別人」「成為給予者」聽起來好像很辛苦，你可能覺得「反正我是做不到」。但是，他者貢獻也能夠獲取「自我利益」和「回報」。

不是毫無限制，例如設定時間再進行，不要超出自己的能力範圍。門檻降低，你是不是覺得自己好像也可以了？

獲得多巴胺幸福的方法7：
找到自己的天職

「人生最幸福的事情是什麼？就是知道自己的天職，並且得以實行。」基督教思想家內村鑑三這麼說。

為什麼找到「天職」就能幸福？因為那與「自我實現」及「社會貢獻」一致。

我們將工作分成三類，會比較好理解：求溫飽的工作。

「求溫飽的工作」，也就是賺薪水維持生計的工作。

「適職」，是指「喜歡這個工作」「自己適合這個工作」「可以沒有壓力開心從事的工作」。但是這個工作並不一定對自己是最佳的工作。

「天職」，是認為「自己是為了這工作而生」的工作。這個工作讓你覺得每天都很充實，有滿足感、成就感的狀態。

工作有兩個面向，一是「賺錢」「獲得肯定、認同」「升職、升級」等「自我實現」的多巴胺幸福。

另一面是藉由工作感受「幫助別人」「他者貢獻」「社會貢獻」的催產素幸福。

天職指的是「自我實現」與「社會貢獻」一致的狀態。感覺自己「為社會貢獻」「為別人、為世上萬物盡一份力」

♡ 天職為何？ ♡

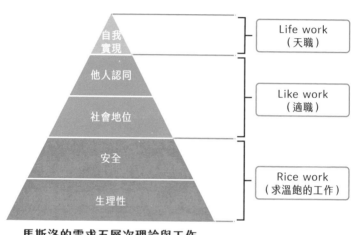

馬斯洛的需求五層次理論與工作

的熱情，大大提升工作動力，進而提升生產力，最終獲得豐碩的成果。

開心的人，會成功

　　工作時覺得開心的人，會分泌多巴胺。多巴胺能提升動力，提高工作的生產力，還有記憶力和學習能力。工作會非常順利地進行。越做越有成果。

　　而覺得工作很痛苦，辛苦的人，會分泌皮質醇等壓力荷

❤ 開心，一切就順利 ❤

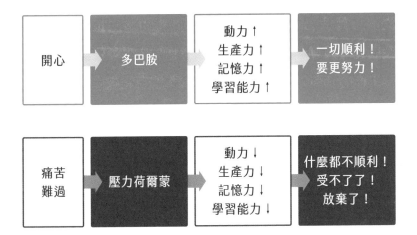

爾蒙，降低動力，工作的生產力也會下降，記憶力、學習能力也都會減退。做什麼都不順利，只會越來越痛苦和辛苦，使壓力更大。

在同一時間做同樣的工作，「開心」和「痛苦」的結果會相差好幾倍。所以尋找可以開心進行的「適職」或「天職」就是成功的第一步。

工作開心，人生就開心

我們一天要工作8至9小時，有時候甚至更長。除了睡眠時間，一天有一半以上的時間在工作。人生耗費最多的就是「工作的時間」。

工作期間能夠感覺「開心」「充實」「有價值」的人很幸福，而每天帶著「好痛苦」「不想做」「想辭職」這種心情工作，當然不能幸福。

工作的愉快、滿足度、充實度，直接關係著我們人生的幸福。

「雖然是求溫飽的工作，但5點下班之後，就依自己的興趣或嗜好開心生活」也不錯，但最好還是連「工作時間」都能夠享受並且充實地度過。

話雖如此，很少人出社會第一次找工作就找到「天職」。「自己適合什麼工作？」「做什麼工作最開心？」可能不實際嘗試看看無法得知。

如果能從求溫飽的工作開始，再進階到適職，最後找到天職，幸福度一定能大幅提升。

為此，一定要自我觀察「適合什麼樣的工作？」「做什麼工作最開心？」也不要忘記隨時豎起探尋「興趣」「快樂」的天線，走出舒適區，迎接挑戰。

▶▶ 第6章　總結

1　感謝金錢和物資

2　自我設限

3　自我成長（輸入＆輸出）

4　勇敢挑戰（走出舒適圈）

5　做「興奮」的事

6　給予（成為給予者）

7　找到天職

專 欄 **我找到「斜槓身心科醫師」這個天職之**

• **曾經是索取者的我……**

回想起10年前的自己，覺得很羞愧，因為當時我是個名符其實的「索取者」。2011年，我出版了第一本商業書《身心科醫師教你如何賺到1億日圓的心理戰術》（精神科医が教える1億稼ぐ人の心理戦術），逢人就推銷「拜託幫我介紹一下」「買一本啊」。現在想起來，真是太丟臉了。初次見面的人，或是不太熟的人，怎麼可能說買就買，更別說幫我介紹了。根本異想天開。

之後我讀了許多自我啟發和商業書籍，學到「貢獻他者」的重要性。希望別人「幫我介紹書」，自己應該先幫人介紹。之後，我開始在電子報上介紹認識的人，還有他們的書。我也不是求什麼回報，就只是覺得「這本書可以推薦給別人」，有幸結緣的作家，我一定會向人介紹他們的書。

後來，很奇妙地，我有新書出版時，大家竟自然地主動聲援我。我也沒有特別去函委託，他們就主動幫我介紹了。

　　這是心理學所謂的「互惠原則」。「當別人為自己做了些什麼，會想要回報對方」的心理，就叫「互惠原則」。我自己主動「聲援他人」幾年下來，終於輪到我被聲援了。我深深感覺「互惠原則」是真的！

　　許多人可能認為「給了也要不回來」，會這麼想的人，或許是太過期待趕快得到結果而已。

　　實際上，我曾經做過實驗性的「給予」行為，請人吃飯、主動聲援別人等，驗證「互惠原則」。

　　實驗的結果是，「給予」的東西反饋回來需要「3年」的時間。當然，有3個月就反饋的人，也有半年反饋的。但是，3年一直保持給予，很多人是反饋好幾倍回來。

　　先前說過「給予、給予，獲取」。「給予、給予、給予」堅持個3年，3年後可以得到幾倍的回報。如果只有3個月的「給予、給予、給予」，可能還得不到什麼回報。

　　有人聽到「他者貢獻會成功」，便開始不顧一切地「給予」，但大部分3個月或半年就放棄了。

　　種一棵葡萄樹，葡萄結果也要等3年。若要製作好喝的葡萄酒，必須花上5年的時間。種下葡萄樹的第一年，

還收穫不了製酒用的葡萄。好吃的果實要等好幾年的時間。對別人的「給予」和葡萄果實一樣的道理，必須累積年月，用心經營，才有「收穫」的一天。

「給予別人」其實並不簡單。但堅持3年，一定能看見周圍的人對自己態度的轉變。日本有句諺語說「石上三年」，意思是有志者事竟成，大家可以給自己3年的時間，堅持「給予」。

• 天職就在不遠處

「身心科醫師」一直是我嚮往的職業，但實際在醫院服務，每天看診算是高強度工作，壓力也很大。現在我活用「身心科醫師」的知識及經驗，藉著發布資訊（出版或網路），推廣心理疾病的預防。我深深感覺這就是我的「天職」。撰寫書稿的一分、一秒，拍攝YouTube影片的每一瞬間，我都是樂在其中。

我剛好特別喜歡「寫東西」「聊天」這類的輸出，完全符合我的「適性」。我能夠實際感受到有人讀我寫的書、看我拍的影片，「預防疾病」的知識得以推廣，減少心理疾病或身體疾病（社會貢獻）。

身心科醫師的知識、經驗只能用來「看診」或是

「發布資訊」嗎？

　　可能有人以為所謂的「尋找天職」，是要轉換到完全不同的職業或公司。其實像我這樣，知識和經驗的基礎不變，只是稍微改變「工作方式」或「工作內容」，「適職」就變成「天職」了。「天職」不是遠在天邊，其實是近在咫尺。

第 7 章

「金錢」「娛樂」「飲食」習慣改變人生

最重要的是，享受人生，感受幸福，如此而已。

——奧黛莉・赫本（Audrey Hepburn）

怎樣「用錢」才幸福

我們對「金錢欲」「物欲」「食欲」這些字眼似乎都沒有什麼好印象，因為它們都是容易讓人失控的欲望。

但是，「變有錢」「得到想要的東西」「吃美食」卻是我們希望的。

在前面的章節，我們已經詳細了解了血清素、催產素、多巴胺三種幸福。

即便是容易失控的多巴胺欲求，若與催產素、血清素搭配好，就能控制得當。你可以得到想要的東西，幸福也不會輕易流失。接下來，我要介紹控制「欲望」與得到幸福的具體辦法。

「幸福是什麼？」

可能許多人心目中的答案是「有錢」，但是很遺憾，金錢能提高的幸福度其實很有限。

「有錢也不會幸福」是多數幸福心理學研究發現的事

實。

那麼，我們是不是不需要「金錢」？當然也不是。有錢還是比較好。

以下我將一邊分享我的經驗，一邊告訴大家對金錢應該抱持什麼樣的「態度」及「用法」才能得到幸福。

用錢得幸福
方法 1　能夠聰明「用錢」的人，會得到幸福

我要先說，「賺很多錢就能幸福」這個想法是個錯誤。

金錢不是「持有量」越多就越幸福，而是懂得「使用」的人才能得到幸福。就算薪水或儲蓄很少，只要聰明地用錢就能得到幸福。年薪很高、儲蓄很多，卻不會「善用」的人，是不會幸福的。

金錢的「持有量」只是單純的數字（參數），多巴胺幸福就是最好用來說明的例子，那種喜悅一眨眼就變質了。而聰明用錢，得到的是這一刻的「滿足」「喜悅」，也就是「BE的幸福」。

我們多半把注意力放在「賺錢」「增加財富」，對於「金錢的使用」卻沒有什麼概念。這就是有錢也不幸福的理由。

　　只要懂得正確使用金錢，每個人現在就能得到幸福。

> **用錢得幸福 方法 2**　　**最無用的理財，就是「儲蓄」**

　　「儲蓄」無非是「增加參數」，看到數字增加，就感覺「喜悅」，但那其實是假象。一瞬間的滿足感，很快就想要增加「更多」，否則無法繼續滿足。

　　有些人領很少的月薪，每個月存3萬日圓，3年存了100萬。但是，假如你到50歲時，確定可以月領100萬時，你還會在20幾歲時省吃儉用，每個月存3萬，直到存滿「100萬」嗎？應該不會了吧。

　　我想說的是，「儲蓄」這個行為，其實意味著你「不相信未來的自己」。不相信「未來的自己」，也不相信「現在的自己」。不相信自己，所以不敢「投資自己」，也不敢「挑戰」。所以你當然沒有辦法得到更多的幸福。

> **用錢得幸福 方法 3**　　**最有效的理財，就是「投資自己」**

　　我從大學時代每個月閱讀超過20本書。我只是喜歡「閱

讀」。順著自己的好奇心，為了「開心」而讀。每個月花3
到5萬日圓買書，這個投資現在已經回收超過100倍了。

我之所以能夠每年寫好幾本書，全都歸功於長年的「閱
讀」累積而來。我的「腦內圖書館」有數千本藏書，這些都
是無可取代的財產。我現在能夠寫書出版、發布資訊，在社
會上表現得還不錯，都是20、30歲時閱讀打下的基礎。

買「股票」或「金融商品」可能有暴跌風險，但投資
「自己」這個商品時，只要持續「自我成長」，就不可能暴
跌。價值的提升或貶低，取決於自己的行動，自己可以全權
負責。

比起受經濟動向或社會大事左右的股票和金融商品，最
安全、能確實掌控的投資標的，就是「自己」。

> **用錢得幸福 方法 4**　要買的不是「物品」，而是「經驗」！

「比起購買物品，購買經驗的幸福度更長久」──這是
幸福相關研究明白告訴我們的結論。我完全同意。

實際上，我對「物品」完全沒有興趣。獲得「資訊」
「知識」「體驗」「經驗」對我而言有更大的價值。因為
「買經驗」的結果就是「投資自己」。

　　「吃美食」或「出國旅行（未知的體驗）」不僅開心，也能讓人感受到很大的幸福。囤積「物品」只會變成「麻煩」，累積「經驗」，卻能變成強有力的「武器」。

　　「今天很開心！」365天、10年、50年下來，就是「幸福的人生」，每天的生活中有「愉快經驗」的點綴，每個人都會幸福。

　　「吃美食」「觀看有趣的電影、動畫」「逛老街」「閱讀」，雖說是買經驗，並不是要花大錢。

> **用錢得幸福 方法 5**　關注「人」，而不是「金錢」

　　我的書再版了1萬冊！好高興。但我不是因為能賺到1萬冊的版稅而感到高興。

　　能夠再版，表示「有很多人讀我的書」，我的高興是「感謝」的喜悅。還有，因為讀我的書變得健康的人增加了，我很高興能為「社會貢獻」盡一份力。

　　「再版了很高興」的心情，包含了「九成的催產素幸福與一成的多巴胺幸福」。所以，幸福感不會變質，快樂的心情，讓我更專注撰寫下一本書。然後，下一本書也會「有許多人讀」的狀態，這之間形成了連鎖反應。

「賺錢」不是目的，要以「幫助別人」為目的。很奇妙地，財富會自己追上來。

但是，大多數人做事都以「金錢」為目的，眼裡只有錢，心懷「最好只有我賺錢」的想法，而變得唯利是圖，索求無度，終將遭人背棄或欺騙。越想賺錢，錢跑得越快。

所以，不要只看錢，要關注的是「人」。做什麼才算「幫助別人」？先想想自己有沒有幫到別人？哪些事可以幫到別人？「金錢」不要擺第一，把「人」放在第一，金錢的流向真的會改變。

> **用錢得幸福 方法 6** 金錢買的不是「幸福」，而是「安心」

「有錢也不能幸福？騙人！有錢什麼都買得到，一定能幸福啊！」你可能是這麼想的。

「金錢」可以得到的，不是「幸福」，而是「安心」或「舒適」「輕鬆」。如果存了很多錢，就不用擔心老後的生活，即使病倒，家人也能生活無虞。但這是「幸福」嗎？並不是。

我們將「幸福」從「-10」到「+10」來評分，幸福度「-8」或「-6」的人，有錢以後，幸福度可以升到「0」。

因為金錢可以消除許多「將來的不安」「將來的擔憂」。

　　不過，有錢以後，幸福度就直線上升到「9」或「10」嗎？應該是不太可能。因為「人和」與「健康」不是只靠金錢，沒有自己的努力和行動，也不能成事。

　　有「錢」就能「安心」，讓「想做的事」更容易實現，就像是「高鐵車票」，為我們的人生加速。但是，就算你有10張高鐵車票，不拿去搭高鐵，就只是白白浪費而已。

> **用錢得幸福方法 7**　先以年薪800萬日圓為目標！

　　即使手上有「錢」，也不見得能擁有「貢獻他者的幸福」「他人的認可」「幸福家庭」「自我成長」「自我實現」「健康」。但這都是在有了「錢」之後，我們才會明白的事。

　　我們還會發現，「貢獻他者的幸福」「他人的認可」「幸福家庭」「自我成長」「自我實現」「健康」，這些都是「沒有錢一樣能努力的目標」。

　　沒有錢的人觀念裡只有「有錢才能幸福」，所以不能察覺「真正重要的幸福」（青鳥）。對著生活拮据的人說「貢獻他者的重要」，只會遭到反駁「開什麼玩笑」。

　　因此，某種程度的「努力賺錢」「增加收入」也是好事。

　　年薪超過800萬日圓（約新台幣184萬），來自金錢的幸福就會開始遞減，換句話說，「到年薪800萬為止，錢賺越多越幸福」。所以就先以年薪800萬為目標加油努力，是非常好的打算。

　　年薪超過800萬會發生什麼？你會發現「貢獻他者的幸福」「他人的認可」「幸福家庭」「自我成長」「自我實現」等，現在的自己還沒擁有的幸福很重要。

　　從「光為自己就用盡全力」的狀態到產生「不只為自己，也為他人幸福」的視角，這就是「人生的第二章」「RPG遊戲的第二幕」。

> **用錢得幸福
方法 8**　把錢再投資到血清素式和催產素式的幸福

　　我一再強調不要一開始就想得到多巴胺幸福。要有血清素幸福、催產素幸福當根基，基礎扎實了，才能進階前往多巴胺幸福。

　　如果你賺到錢，應該要使用在血清素幸福及催產素幸福上。為了建設「多巴胺的高樓」，你需要穩固的地基。

很多人的觀念錯誤，雖然很有錢，在社會上成就輝煌，卻因為長期犧牲睡眠、疏忽休養，最後生病倒下。

人一有錢，一定會吸引大批「見錢眼開的人」。要跟誰來往──你心目中真正「重要的人」是誰呢？──不好好看清楚，很容易受騙、遇到詐欺，或是被捲入倒楣事。

第一章我說過一定要按照以下的順序追求：「血清素幸福→催產素幸福→多巴胺幸福」，多巴胺幸福差不多夠了，就要再回到最初。

重新檢視「健康」與「人和」，確認幸福的根基沒有動搖，再繼續努力「工作」。用賺來的錢，再投資到血清素幸福、催產素幸福，將財富的循環、幸福的循環慢慢擴大。

> **用錢得幸福方法 9**　用錢買「時間」

一天只有24小時。窮人和大富豪之間應該只有時間是平等的。其實不對。有錢還可以買到「時間」。

自己覺得討厭、麻煩的工作，不想做的事，全部「外包」，就可以買到實質的「時間」。多出來的時間，投注在自己「擅長的領域」，加快成功的速度，可以獲得更大的「成功」或「財富」。

但不懂「用錢買時間」的人卻很多。我有朋友是經營者，有時會看到他們去做一些老闆不必親力親為的事。

其實我以前也不大懂得勞務外包。10年前「演講的匯款確認」「收據的整理」都是我自己一手包辦。現在，這些麻煩的工作，我都委託給外聘的祕書，從「雜務」「雜事」中解放後，我可以專心投入「撰寫書稿」和「發布資訊」。結果，我的書越寫越好，又能發送更多有用的資訊，把成功的螺旋運轉得很好。

如果不擅長做家事，可以找居家服務。幾乎所有的雜務都可以找到外包。「時間」是前往成功的特快車票。這麼寶貴的時間，有錢就能入手，「用錢買時間」是金錢最有意義的用法之一。

用錢得幸福 方法 10　用錢買「時間」

「沒錢人」和「有錢人」最大的差別是什麼？

「有錢人」很懂錢，而「沒錢人」對錢太不熟悉。也就是說，「錢的資訊弱者」絕對不會變有錢。

前幾天，有個人在快打烊的超市一口氣買了5、6個飯糰和三明治。他竟然用現金付帳，也沒有用集點卡。集點卡可

以用來集點數，而且是免費索取。如果用非現金支付，還有額外點數。要節省1元、10元，有很多簡單的方法，我猜那個人可能根本不知道有這些「好康」。

嚷著「我想變有錢！」「想要更多錢！」的人，通常都不懂理財，著實令人吃驚。書店裡「理財」相關的書籍有好幾百本，一定能找到適合自己的賺錢方法、增加財富的方法。就看你想不想學。

「對金錢的正確知識」越多，你的錢一定會增加。

金錢就是最典型的多巴胺幸福，也是最「容易遞減的幸福」。但是，如我多次強調，與「感謝」和「貢獻他者」組合起來，就可以防止幸福遞減。

錢，就看你怎麼用，它一定能使我們幸福，但如果使用方法不對，也會變成「不幸」的原因。我希望大家都能夠聰明用錢，得到幸福。

聰明運用「物欲」的六種方法

「物欲」這個字眼，看起來像是對物品很執著，給人非常負面的感覺。

但我認為「物欲」不是壞事。比起「金錢欲」，「物欲」還比較健康。

　　「金錢」是一種通貨，不過是讓「以物易物」更有效進行的工具。

　　如果有人對你說「我送你1億日圓，但是你一毛都不能花」，這樣你還會欣然接受嗎？應該不會吧。

　　錢必須使用才有價值。將錢變成「物品」或「經驗」，才有實在的「喜悅」「快樂」「幸福」。

　　這個道理好像很平常，但許多人還是一心只盼望「銀行存款餘額」增加。銀行帳戶的餘額增加就很高興！越多越好！日常生活更節儉，凡事忍耐，只想存款增加。「想要更多」的念頭演變成「儲蓄癖」，就表示多巴胺的「貪心病」已經發作。

　　最初「存款達到100萬」就開心得不得了，漸漸地存款300萬、1000萬都不能滿足了。辛辛苦苦節省、忍耐，把錢存下來，卻不能滿足，也沒有變幸福。過了10年、20年才發現，早知道不要存錢，應該去買想要的東西才對。

　　童話故事《螞蟻與蚱蜢》中，我極力推崇「蚱蜢」的生活方式。何苦勉強忍耐，只為增加存款，盡情使用金錢，歌頌每一天，才是快樂的人生不是嗎？

　　錢必須使用才有價值，放著不花就是吃虧。

　　所以「花錢」「買東西」「付錢享受服務」是為了得到「幸福」的必要行為。

前面說過「幸福」與「不幸」取決於錢的用法，同樣的，物品的買法、使用法也會決定「幸福」與「不幸」。

因物欲而不幸的人物特徵

購物能使人幸福。但是，受物質支配而不幸的人也很多。最典型的例子就是「購物成癮」。以下我歸納了四種因物欲而不幸的特徵：

（1）跟著大家買

購物的目的是「自己也想擁有」，購買的瞬間「好高興」，但這種喜悅不會持續太久。

（2）跟著流行買

流行的時候跟著買，得到「自己也有跟上」的滿足感，熱度消退後，應該就不會再穿那件衣服了吧。

《真確》（*Factfulness*）是暢銷書，所以買來看看，但很多人因為書太厚，結果根本沒看完。

跟著「流行」購買的人，買到東西那一刻，目的就已經達成，其實根本不會穿那件衣服或讀那本書。實在是毫無意義的購買。

（3）衝動買

看到那件衣服時「好想要」，憑著衝動買下來。穿上後發現完全不適合自己，就「再也不穿了」。

遇到百貨公司特價促銷，自己喜歡的名牌洋裝3折超低價。「不買就吃虧」的念頭瞬間襲來，因為是特價，只有限定幾款設計，明明「不適合自己」也不管。又是穿一次就不會再穿了。

（4）真正想要卻不買

許多人（1）～（3）全被說中，但自己真正想要的東西卻沒買。「別人的價值觀」「流行」「大家都有」，這些跟你的真心完全沒有關係。得到「心裡真正想要的東西」，就能滿足，也會感覺幸福。所以買東西前，先問一問自己，這個商品，你是「真的想要嗎？」

要如何控制物欲才能幸福？或者說，怎麼買才會幸福？我們每天都在買東西，如果懂得「幸福的物欲運用」「幸福的購買方法」，就能大幅提升每天的幸福度。

> **物欲變幸福 方法 1**　利用「正念物欲」

　　因一句「就是現在！」口號而成名的補教名師林修，在電視節目《情熱大陸》中有一幕令我印象深刻。

　　林老師的興趣竟然是「刷鞋」。只要有空，他就會刷鞋。他說，刷鞋的時候，心情特別平靜。上其他節目時，他也說：「刷牙、刷鞋、刷指甲、刷出男人味！」

　　時常刷鞋，鞋子就能永保光亮。換句話說，對鞋子這個「物品」表示珍愛的方式，就是刷鞋。鞋子或洋裝這些所謂的服飾，對我們「外觀」有很大影響。這屬於非語言溝通，也是我們與他人之間溝通的媒介。

　　破舊鞋子穿在腳上，這個人看起來「也就那樣」。腳上鞋子光亮的人，不僅樣子帥，也給人注意細節的正面印象，感覺就是「有能力的人」。藉著「刷鞋」，促進「人和」「交流」，為我們添增催產素幸福。就是這個道理。

　　對「鞋子」這種「物品」都會心懷感謝的人，當然也不會忘記對人也要有感恩的心。「得到物品」「珍惜物品」，這是對物品的親切，也是與催產素幸福相關的行為。

　　一心一意地專注於刷鞋，全心投入，心情自然平靜。既能放鬆，也能轉換心情。刷鞋的重複動作是「有節奏感的運

動」，可以激發血清素。藉著「刷鞋」，也得到了血清素幸福。

「現在、這裡！」專注於當下的放鬆，即所謂「正念」，透過「物品」實現正念，就是「正念物欲」。

現在擔任節目主持人、上媒體通告，成為熱門人物的林老師，告訴我們成功的祕密就是「刷鞋」，其實是藉著正念物欲，使多巴胺、催產素、血清素均衡活化。真不愧「就是現在！」的林老師。

最棒的輸出，來自最棒的筆事本

「只是使用這個東西，就覺得幸福」，這就是「正念物欲」（血清素幸福）。

還有「只是存在、擁有，就覺得幸福」，這正是催產素幸福，不會遞減，也不會變質。

好好珍惜使用，就感覺幸福，這麼簡單，就能得到幸福了。

我心目中「只是使用就幸福」，珍愛的物品之一，就是「MD筆事本」。

時間大約是距今7、8年前，我想「更有效率地記筆記，精進筆記的方法」，便到文具品項最豐富的文具店，把店裡

所有的筆事本做了一番比較。筆事本一般都是B5尺寸為主流，但B5對我來說篇幅太小，所以我想要A4尺寸的筆事本，無奈店裡只有五種。

其中MD筆事本紙質光滑，觸感非常舒服，紙張的厚度也夠，用原子筆書寫，紙的背面也不會透光或留下痕跡。筆事本的尺寸是比A4稍大的「A4變形版」，這一點也很加分。我想寫書籍或電影的觀後感想時，兩頁全開的尺寸剛剛好。

內頁有「空白」「橫條」「方格」（5㎜方格）三種選擇，我一向偏好「5㎜方格」，所以只選了「方格」內頁。

自從我購買這種筆記本以來，就一直用到現在，做為我的輸出夥伴，時常放在我的筆電背包裡，隨身攜帶。

只是使用就覺得幸福。只是隨身攜帶就很快樂。每當我有新的想法時，可以馬上拿出來寫，讓我非常安心。我相信這本筆事本能激發我「更多很棒的點子」。每次打開筆事本來寫，觸摸到「紙張的質感」就覺得很舒服（肌膚接觸的幸福＝催產素幸福）。書寫的當下可以心無雜念，非常專注（血清素幸福）。

這本筆事本，讓我寫下一個又一個新想法，工作很有效率，進行順利，是我事業成功的最佳後援（多巴胺幸福）。單單使用這本「有講究的筆事本」，就讓我一次擁有了「三

種幸福」。

　　我極力建議大家找到心中「講究的物品」。「對物品的講究」是滿滿的喜愛，使用這個「物品」，可以感覺當下的幸福，延伸到正念物欲，一次滿足「三種幸福」是很有可能的。

> **物欲變幸福 方法 2**　把錢轉化成「三種幸福」

　　錢光是拿在手上，不會產生價值。把錢換成「物品」或「經驗」，立刻就能轉換成多巴胺幸福、催產素幸福、血清素幸福。

　　支付健身房會費，定期運動，就能獲得健康。購買保健食品或健康食品也一樣，投資健康，獲得血清素幸福。帶女朋友去好吃的餐廳吃飯，吃到美食「好吃！」的喜悅（多巴胺幸福），還有與女友感情加深（催產素幸福）。

　　買書來學習，參加講座或研討會，進修的自我投資，是為將來自己的成功投資，關係到多巴胺幸福。

　　幸福在某種程度是可以購買的，把「金錢」轉換成「三種幸福」，均衡地獲取幸福。

> **物欲變幸福**
> **方法 3**　問自己「真的需要嗎？」

　　大家在買東西的那一刻，應該都有一股「我想要這個！」的衝動，我希望大家能夠自問自答一下：「這個商品，我真的想要嗎？」「我真的需要這個商品嗎？」

　　例如我的暢銷書《最高學以致用法》在亞馬遜網站的書評中，有人寫「我想知道的事一項也沒寫」。

　　想知道書裡有什麼內容，應該先看目次。花30秒功夫瀏覽一下，立刻就知道「這是自己需要的書」或「沒必要的書」。

　　「因為是書店的暢銷書排行前幾名」「因為是亞馬遜排行第一名的書」，光看別人的評價就買，才會買到自己不需要的書。

　　買書的時候，只要花5秒鐘問自己「真的需要這本書嗎？」「書裡有寫我想知道的內容嗎？」就可以減少很多「因物欲而不幸」的風險。

　　不就是買本書，「因物欲而不幸」有點言過其實了吧。人的行動模式往往是「以一知萬」，只看別人的評價就買書的人，買價值數千萬的房子時，很有可能也會被舌燦蓮花的業務員說動，以高價購買。

　　「真的需要嗎？」這個問題要說得更仔細一點，「對自己來說，真的需要嗎？」這部分很重要。買書的時候，問自己「想知道什麼？」「想學什麼？」「關於什麼能力或知識不足？」，一定要洞察自己的「嗜好」「傾向」「意志」，否則很容易被別人的意見左右。

　　想更多一點，「自己將來想做什麼？」「要過什麼樣的生活？」對這樣的願景，必須能夠自我洞察，才能知道「自己真正需要的東西」「真正想要的東西」。

　　「購買」與「自我洞察」是息息相關的。

> ### 物欲變幸福
> ### 方法 4　　享受花錢

　　購物成癮的人，「買」東西的時候會感覺喜悅。購買的過程當中、剛購買完的時候，沉溺在「亢奮」「滿足」裡，但幾天之後，這種喜悅就幾乎沒有了。

　　當時「好想要！」的衣服，回到家發現「不適合自己！」結果，一次也沒穿，就束之高閣。

　　為了「穿」而購買衣服的人，不會買了不穿。但是為「買」而買的人，購買的那一刻已經達成目的，很快又會想要買別的東西。

　　結果，買再多也不會真的「滿足」。「購買欲望」像個無底洞，這就是購物成癮的心理。

　　要阻止物欲失控，我們一定要思考買這個商品的目的是什麼。有沒有為「買」而買？有沒有好好使用？上次買的衣服穿了幾次？如果一次都沒穿，再買新衣服結果也是一樣。

　　東西買了，就要帶著感恩的心好好用它。開開心心地，感受喜悅，心懷感謝地使用。這麼做，就不只是「購買那一刻」，使用這個東西、擁有這個東西都會讓你嚐到「小確幸」的滋味。

　　為「買」而買的人，是惡性的多巴胺失控，越買離幸福越遠。為「使用」而買的人，會感謝這個「物品」，珍惜、享受地使用它，充滿催產素幸福，越來越幸福。

> ## 物欲變幸福
> ## 方法 5　不要為了紓壓而購物

　　為紓壓而購物的人應該很多。但是，這樣的行為實在不值得鼓勵。因為這和為紓壓而「喝酒」完全一樣。

　　「喝酒」和購物的那一刻或許能緩和壓力，但本質的問題根本沒有解決。壓力很快又再度累積，結果又「喝酒」或「購物」來慰藉。任憑其發展，就會成癮。

　　要紓壓，應該尋求催產素幸福（找人聊天、諮詢）或是血清素幸福（運動、睡眠、放鬆的生活習慣）。用多巴胺來紓壓，簡直就是拿了張成癮的特快車票。

> **物欲變幸福 方法 6**　　**斷捨離／整理**

　　買新衣服，要丟一件不再穿的衣服。

　　買新鞋子，就丟一雙不再穿的鞋。

　　遵守這個規則，可以有效減少陷入購物的「貪心病」。限制擁有的衣服、鞋子數量，阻止多巴胺失控。

　　不過，有「購買成癮」傾向的人，通常「不擅長丟棄」。有些女生衣服多到衣櫥塞不下。這是因為她們「對物品的執著」使「想要購買」的欲望加速。

　　「對物品的執著」是指「從未填滿的心理欲望」以「購物」做為代償的狀態。這種心理機制是無意識地進行。

　　例如，跟男朋友分手的A子，嘴上說「那種人，我才不在乎」，但是與他有美好回憶的東西卻捨不得丟掉。手機裡還留著與他的合照，只能說她還「念念不忘」。只要她還被過去「束縛」，就無法遇到新的男孩，無法找到幸福。

　　要斷絕「對物品的執著」，最好的方法就是斷捨離。

「丟不了」的人很多，那都是精神上的「束縛」。不掙脫束縛，就沒有自由，不能得到幸福。

用感謝轉化成「催產素式的物欲」

銷售一百萬冊的暢銷書《怦然心動的人生整理魔法》翻譯本已在全球40多國發行，總計突破1000萬冊。她的整理方法甚至在Netflix製作成真人實境秀，獲得好評。「整理」成了世界性的一股熱潮。

怦然心動整理法簡單說，就是留下「感到心動」的東西，丟棄「不感到心動」的東西。就是這麼單純的方法，如此一來，生活中身邊都是感到心動的東西。換句話說，可以得到幸福。那些東西的「存在」，讓你覺得很舒服。這正是「催產素式物欲」。

麻理惠還經常說，對物品要「感謝」。「感謝」的行為就能增加催產素幸福。

想清楚「自己需要的東西是什麼」？不需要的就丟掉。一邊丟，也同時整理自己的心靈。「整理」就是將「多巴胺物欲」轉化成「催產素物欲」。這就是「用物欲變幸福」最厲害的方法了。

🧍 如何面對強烈的「他人認同需求」

在高樓大廈或斷崖絕壁等危險場所拍攝影片的YouTuber，或拍攝照片的Instagramer不慎跌落死亡的意外在世界各地頻傳。

為了有更多追蹤者或按「讚」數，屢屢變本加厲地拍攝更刺激的影片、照片。最後導致死亡意外。這是他人認同需求的「貪心病」或稱「他人認同成癮症」。

「他人認同需求」原本應該是我們大家都希望、非常正能量的需求。

依「馬斯洛的需求五層次理論」，「他人認同」是人類第二層次的需求，定位在非常重要的位置。

但心理學家阿爾弗雷德‧阿德勒卻說：「如果只顧著尋求他人的認同、在意他人的評價，終將變成生活在他人的人生」，對「他人認同需求」持否定態度。

「他人認同需求」到底是好是壞，我認為沒有定論，失控的「他人認同需求」是「壞的」，而控制得當的「他人認同需求」能使我們幸福。

不要追趕

我在YouTube的頻道叫「身心科醫師·樺澤紫苑的樺Chanel」，本書執筆時訂閱數有27萬人。我每天早上查看YouTube的管理後台，看到今天比昨天增加了200、300人訂閱，便開開心心地開始這一天。

訂閱者增加固然值得高興，但我的「他人認同需求」應該還沒有失控。因為我對訂閱者總是滿懷感謝。而且，我與訂閱者也會保持實體交流。

為「貪心病」踩剎車的是催產素，也就是親切與感謝。「製作影片對觀眾宣導疾病的預防」是我的初衷，這是一種「社會貢獻」。每次收到觀眾來信或留言：「我每天晨間散步，病都好了！」，我會很慶幸「在YouTube做的一切」。我（發信者）和觀眾之間已經有了親切與感謝的催產素良性循環。

雖然我們常會說「訂閱數」，但「訂閱者」不是數字，而是一個個實實在在的人。每一個人用自己寶貴的時間看我的影片。對不能這樣想像的人來說，「訂閱數」只能是單純的「數量」「數字」「參數」。

他們對螢幕上顯示的「數字」沒有感謝，所以沒有催產素來踩剎車，只想著「要更多訂閱者」，這就是「貪心病」

的開始。

　　還有「用錢買訂閱者」的手段，簡直不把訂閱者當成人，在他們眼裡那些都只不過是數字。對明白「訂閱者」＝「人」的人來說，沒有實際觀看影片、對影片沒有任何貢獻、也不會產生感謝之心的數字，就算增加1萬人，又有什麼意義。

　　受「數字」的增減左右，多巴胺會分泌過剩。例如角色扮演遊戲的角色升級，經驗值增加，體力或戰鬥力上升時，玩家會非常高興。現實世界中，什麼也沒有增加。將遊戲的資料刪除，就一無所有了。只是單純的數字。看到數字增加，人就會激動、開心，這就是陷進「貪心病」了。

看影片的不是數字，而是人

　　我在YouTube向觀眾募集「提問」和「煩惱」，每次讀這些留言，就想像一個觀眾正在受心理疾病之苦，我要拍攝影片幫助這個人。雖然沒有直接回信給他，但這也是跟每一個人真真切切的交流。

　　疫情擴大以前，我每個月2次邀請10位觀眾到攝影棚來，一起錄製YouTube影片，與觀眾實際交流。

　　從這樣的交流，我可以即時獲得觀眾對影片的感想和反

饋，真實地看見有「為影片而開心的人」，大大滿足了我的他人認同需求，也是我繼續拍YouTube影片的最大動力。

7年來，我每天更新YouTube影片，到現在已上傳了3000多集，收穫豐碩的成果。

我們要面對的不是「數字」而是「人」。不要忘記親切、感謝、貢獻他者、貢獻社會的心情。這麼做，他人認同需求就不會失控，我們的「幸福感」和「動力」都會成為無可取代的財產。

使人成長的「認同」

有人說，一直誇孩子才會進步，不誇就什麼也不會。阿德勒卻說：「不能誇，也不能罵。」到底哪個才對？

我們用「幸福的三層理論」來為這個問題做一個明確的解答。

「他人認同需求」其實有兩種模式，多巴胺式認同與催產素式認同。

多巴胺式認同就是對「數字的增減」或「成果」「結果」的認同。

而催產素式認同，是以關愛為基礎，肯定對方的存在並且認同。

♥ 「多巴胺式認同」與「催產素式認同」 ♥

多巴胺式認同	催產素式認同
聚焦於結果	聚焦於過程
遞減	不會遞減
上下關係	平等關係
支配與依存的關係	互相尊敬、互相信賴的關係
批評心態	同理同理心態
使對方依賴	讓對方主動
阿德勒認為不妥的「誇獎」	阿德勒說的「給予勇氣」

　　例如，孩子考試考了100分，誇獎他「考100分真棒！」這是多巴胺式認同。

　　另一種誇獎是：「你每天都認真用功到那麼晚。努力有了回報，真是太好了」，這就是催產素式認同。

　　多巴胺式認同的效果會遞減，但催產素式認同不管多少次，都不會遞減。「老是誇孩子，哪天不誇就什麼都不做」這個說法，若是效果會遞減的多巴胺式認同，是正確的，但催產素式認同就不太符合。

　　阿德勒說：「不能誇，也不該罵。應該給予勇氣。」所謂「給予勇氣」，是指「互相尊敬、互相信賴」的平等關

係，這些都要基於同理與體貼的心。

阿德勒說的「誇獎」是指在「父母→孩子」「上司→下屬」的上下關係中，專門以「結果」控制對方的行為。這種「誇獎」的副作用是「不誇就不做」「獎勵要越來越好」，這就是「誇獎」的遞減效果。

阿德勒所說的「誇獎」是多巴胺式認同，「給予勇氣」則是催產素式認同。

不要以俯瞰的視線，要在信賴關係與互相尊敬的人際關係中，本著同理與體貼的認同（給予勇氣），不會遞減、變質。這樣的誇獎會越多越有效果，是使人成長的「認同」。

越「玩」越幸福的七項守則

我主辦的「網路心理塾」「樺澤塾」兩個社群總共有1400多名學員，從上班族到創業家等各界人士，每每與他們見面，我都會仔細聆聽他們的經驗分享。

大家都非常熱衷於「學習」和「工作」，「想學更多才能自我成長」或是「希望工作上能拿出好成績」。這是非常了不起的事。

但是，我發現「貪玩」的人非常少。

不要總是工作，可以多玩樂，貪玩一點沒關係的。我的

朋友中，算得上「貪玩」的人屈指可數。跟這種人一起玩就是開心！「貪玩」的人在工作上也能做出一番大事業。

「來自學習的自我成長」「事業成功」會分泌多巴胺，但沉浸在「玩樂」，享受「好開心！」的感覺時，也會分泌多巴胺。

追求「學習的成長」「事業的成功」，如果是小成長、小成功，幾個月就能得到，如果是「大成長、大成功」就要花上幾年的時間。

而「玩樂」的幸福是今天，現在馬上就能得到的。一家人一起去迪士尼樂園感受到「好開心」的心情，跟女朋友開車兜風覺得「好開心」，到最熱門餐廳吃飯「好好吃！好開心」。

不用花費太多時間和金錢，我們都能得到簡單的多巴胺幸福。幸福很簡單，一瞬間就能到手。然而，大家都不這麼做，真是不可思議。

日本人太勤勞。「勤勞」對「玩樂」會產生罪惡感。大家都在工作，「怎麼好意思只有自己去玩」。

如果你每天只顧著玩，那應該要不好意思，平常認真努力工作，「5點以後」或「周末」可以盡情地玩。

其他書不太會寫「玩出幸福的方法」，我就在這裡公布吧。

> ## 幸福
> ## 方法 1　衡一天的幸福收支

如果你工作的表現不佳，那表示你「玩」得不夠。日本人的勞動生產力在先進國家中排最後一名，就是因為不夠「貪玩」。

我去過美國留學，也看過世界各地的工作方式，勞動生產力高過日本的國家，特徵都是5、6點前很專注、很認真地工作，5點以後回家陪家人、去音樂會、看歌舞劇、看電影等等，盡情享受自己的興趣，很貪心地「玩樂」，享受人生！

我在《解放壓力超大全》中提議「壓力不要放到隔天」，換句話說，「當天的壓力當天解決」「一天平衡壓力收支」。

白天認真工作，晚上盡情玩樂。

這也算是「一天平衡壓力收支」，不過與其說「解消壓力」，應該說「享受人生」，感覺更正面積極，讓人「躍躍欲試」。

> **幸福
> 方法 2** 「沉浸」在遊戲也好，工作也好

「貪玩」會幸福。真的嗎？

「事業成功」「賺大錢才是幸福」，抱持這種想法的人，一定會質疑的吧。

大家知道「心流」嗎？

埋頭於工作或玩樂，忘記時間，沉浸在其中。猛一看才發現已經過了5、6個小時。這就叫做「心流」狀態。

「心流」是人稱幸福心理學鼻祖的米哈伊・奇克森特米海伊（Mihaly Csikszentmihalyi）教授所提倡的概念。他對「幸福」是抱持著什麼樣的想法呢？怎樣的狀態叫幸福？

他在自己的著作中很明確地寫道：「心流體驗就是幸福的體驗」，擁有能夠沉浸的時間就是幸福。「沉浸」的幸福經驗內容因人而異，有人沉浸於「工作」，有人沉浸於「玩樂」。

然而「工作」或「玩樂」都不是重點，只要能夠「沉浸」其中，「工作」也好「玩樂」也罷，我們都是幸福的。

心流狀態是幸福荷爾蒙大放送的時間

　　當我們進入心流狀態，大腦會分泌多巴胺、催產素、安多酚、正腎上腺素、花生四烯酸乙醇胺（Anandamide）等五種腦內物質。

　　多巴胺、催產素是大家已經知道的「三種幸福荷爾蒙」中主要的幸福物質。安多酚是鎮痛效果比嗎啡高6倍以上的腦內麻藥。正腎上腺素是銳化專注力的物質。花生四烯酸乙醇胺是在「大麻素」受體合成的腦內麻藥，其命名取自梵文「阿難陀」，寓意為「極樂」。

　　我寫書的時候，就是處於心流的狀態，非常樂在其中。有時候回過神來才發現竟然已經寫了10小時。

　　在心流狀態下，腦內會大量分泌各種腦內麻藥、幸福物質，真可謂極端幸福的狀態。

　　五種腦內物質齊發的「心流」狀態，從特徵上來說，我還是把這種幸福定位為多巴胺幸福。

　　心流狀態不僅發生在「工作」上，也會發生在「玩樂」時，所以怎麼能不好好利用呢？不是那種隨手無心的「玩樂」，而是能夠認真沉浸的玩樂。那種狂熱的「玩樂」會讓你感覺無比幸福。

「貪玩」的人，事業成功的理由 🙌

我觀察身邊「貪玩」的人，事業上都有很好的成果。活躍的藝人和文化人，很多在私底下都有著狂熱愛好。「貪玩」的人會成功，是什麼道理？

（1）能量得以充電

「貪玩」的人在玩樂和工作上都會全心投入。他們對玩樂毫不妥協，對工作也當然不會妥協。你以為在「玩樂」和「工作」都全力以赴，精神上、體力上一定疲憊不堪，其實剛好相反。

「玩樂」是「能量充電」「轉換心情」。所以越「玩樂」，精神、體力都會變得更加充實。從「盡情地玩」到「盡情地工作」。

「玩樂→工作→玩樂→工作」的成功螺旋不停地轉，每天都「好開心」「好幸福」，工作上也能夠拿出最佳成果。

（2）創造力，高度好奇心

在狹隘的領域中思考一樣的事，不可能獲得「好的創意」或「嶄新的想法」。拋開日常的工作，「玩」完全不一樣的事，可以轉換心情，活動大腦，鍛鍊創造力。

　　「貪玩」的人會思考「多加一點什麼會更好玩」，一直產生新的創意巧思。「玩樂」＝「創意巧思」。

　　「貪玩」的人好奇心旺盛。例如，「前幾天去一家西班牙餐館，感覺很好喔」「是嗎？我也想去，我也想去。下個禮拜找一天去看看？」立刻就要約時間去看看。

　　「好奇心」是我們生存在AI時代非常重要的關鍵字。因為有「好奇心」，才有0→1的發想。現在AI最擅長的就是大數據的分析，不能做0→1的發想。只有能從0到1產生新創意的人，才能在AI時代生存，才會成功。而產生新創意的「資質」，來自好奇心。

　　「好奇心」旺盛的人都貪玩，而貪玩也使好奇心更旺盛。

> **幸福
> 方法 3**　擴大「樂趣」再生產

　　你做什麼事的時候最開心？

　　對初次見面的人，我經常會問這問題。因為如何利用「開心」的時間，最能顯現這個人的本質。

　　但令我訝異的是，當我提問「做什麼事的時候最開心？」，竟然很多人都回答「不知道」。

3個人裡大概會有2個人說「不知道」。

這個問題問我的話,「寫文章」「在美麗的風景前拍攝YouTube影片」「吃美食」「看電影」「出國旅行」「在酒吧享受獨處」「晨間散步」「在大自然中悠閒地待著」「在健身房揮汗」「與家人或朋友聊天」……寫都寫不完。

每天的生活中,應該有許多「開心」的事,為什麼會說不出來呢?那是因為「開心」的天線沒有掛起來。因為沒有認真尋找一天之中感覺「開心」的瞬間,當然就錯過了。

只要增加「小確幸」的次數 🙌✨

練習察覺「自己開心瞬間」的方法,就是撰寫「3行正能量日記」。

寫「3行正能量日記」,知道自己做什麼事的時候最開心,一直重複這件事就好了。以我自己為例,「看電影」的時候最開心,就多看一些電影。

如果現在1個月只能看3部電影,請想辦法空出時間,看個5部。再拚一點,看10部。我1個月看10部電影,老實說,真的是「極樂」又「幸福」。

如果喜歡電影,就多看一些。「幸福的方法」好像很難,其實很簡單。

我稱這個方法叫「幸福擴大再生產」。「小確幸」「微幸福」都可以，找到了就一直重複，花點巧思，繼續努力。這樣你的幸福一定可以無限增產。

> ### 幸福 方法 4　玩樂要有時間管理的意識

找到自己的小確幸，重複、增加就好了。

「幸福的方法」非常簡單，但很多人都做不到「幸福的擴大再生產」。為什麼？說是沒有時間。

這個項目的開頭，我寫「要貪玩」，你可能就想：

「工作很忙，哪有時間玩！」

「要忙家事和孩子，沒有時間玩！」

「幸福」必須要「時間管理」。有「幸福的時間用法」與「不幸的時間用法」，最典型的「不幸的時間用法」就是「被工作追趕」。那是你自己不會控制時間。

一天當中要有「幸福的時間」「幸福的行動」，或是「為將來的幸福行動」，不會增加這些時間，你就不可能幸福。

不懂「玩樂」的人，也不會時間管理。

玩樂的時間必須刻意安排 🙌

「最愛看電影」的我，如何在一天當中擠出「看電影的2小時」，是很重要的課題。

要提高工作的生產力，努力讓工作早點結束。或者拒絕「不是很想參加的飯局邀約」。為了安排自己的「幸福時間」，利用「時間管理法」，想辦法騰出時間來。這是絕對必要的。

茫然地浪費時間，就是茫然地浪費人生。電車裡看手機的人，大概都是這種類型。如果「看手機是人生最大的幸福」就另當別論，不看手機也不會怎樣的時間，應該有其他事可做。

減少時間的浪費，或是掌握必要性低的時間，刻意安排時間的運用，你才能增加「更開心的時間（＝幸福的時間）」。

> **幸福 方法 5** 把「玩樂」當獎勵——不會「玩過頭」的方法

享樂的、不用動腦筋的「玩樂」，容易失控甚至成癮。要防止成癮，如先前介紹過的「設限」就特別重要。但是，

難得可以開心「玩樂」，不講道理的設限，只會「掃興」，根本快樂不起來。那可就本末倒置了。

　　那麼，應該怎麼做呢？只要將「獎勵」和「玩樂」結合在一起就好了。

　　以我自己為例，寫完一本書，我就會「出國旅行」做為給自己的獎勵；完成一件大工作，我會去「高級壽司店」犒賞自己；今天一整天「比平常更努力」，就喝一杯高級威士忌……類似這樣。

　　我擁有好幾瓶高級威士忌，如果不刻意限制，我會每天喝得醉醺醺。所以，基本上我規定自己「不在家喝酒」，唯有「工作比平常更努力」時，另外訂一條「只允許喝一杯」的獎勵規則。

　　這麼一來，同樣是一杯威士忌，就會顯得非常貴重又值得感恩。「工作的成就感」和「對美酒的感謝」，讓這杯酒喝起格外甘甜。

　　多巴胺屬於「報酬類」荷爾蒙，原本就是任務達成時對「大腦」的獎勵。

　　在任務達成的時刻，去吃美食、旅行或是買一個特別的東西等，獎勵自己，可以強化「報酬」的印象，「下次還要努力！」，更積極、更有動力。

　　無法持之以恆的人，也不會「獎勵」自己。而咬緊牙打

拚的人，則無法長久維持，一定會遭遇挫折。

要跑完馬拉松一定要「補水」；工作要繼續努力，也必須「補水（獎勵）」。為自己安排一個「開心的瞬間」（玩樂）當作獎勵，不僅「玩」的樂趣倍增，也會提升工作動力。

這是個一石二鳥的幸福工作術。

> **幸福方法 6　不要「被動的娛樂」，規劃「主動的娛樂」**

要貪玩！沉浸在玩樂裡！

不過，要是每天沉浸在「小鋼珠」「購物」「電玩」「手機」，肯定會成癮。

「玩樂」「娛樂」也有分「好的玩樂」和「壞的玩樂」。

怎樣叫做「好的玩樂」？先前介紹過的幸福心理學鼻祖‧奇克森特米海伊教授有詳細的研究，以下我來為大家說明。

娛樂有「被動娛樂」與「主動娛樂」兩種。

電視、電玩、看手機等，幾乎不需要專注力也不需要技術的，就是「被動娛樂」。而閱讀、運動、桌遊（下棋）、

♥ 被動娛樂與主動的娛樂 ♥

被動娛樂	主動娛樂
電視、電玩、手機	閱讀、桌遊（將棋、圍棋、西洋棋） 樂器演奏、舞蹈、運動
不需要專注力和技巧	專注力、目標設定、需要提升技巧 （疲勞時也能玩）
不容易沉浸	容易沉浸
降低專注力的訓練	提升專注力的訓練
與自我成長無關	加速自我成長
浪費型娛樂	自我投資型娛樂

根據《生命的心流》（*Finding Flow*），米哈裡·奇克森特米海伊，製表

樂器演奏等，需要專注力，還必須設定目標及提升技術的，則是「主動娛樂」。

「主動娛樂」時間越長的人，越容易進入心流狀態；「被動娛樂」較多的人，較不容易進入心流狀態。

根據奇克森特米海伊教授的定義，「心流」＝「幸福」，茫然地打電玩或手機等「被動娛樂」越多，離「幸福」就越遠。

奇克森特米海伊教授甚至說「發揮能力的心流體驗使人成長，而被動娛樂卻沒有任何助益」。主動娛樂能提高我們

的專注力，促使自我成長。聰明的玩樂，會提升工作的「專注力」，為你的成功加速。

> **幸福方法 7** 學以致用，讓「玩樂」變成「自我成長」

同樣是「娛樂」，自己可以將「被動」變成「主動」。

例如看一部電影，看完如果只是「哇！好好看！」，那就是被動娛樂。但是一開始就打算從電影中「發現」收穫，聚精會神地觀看，看完之後還能輸出分享心得，就變成主動娛樂。

我的最愛是喝「威士忌」，但如果只是喝得醉醺醺，這就是被動娛樂。細細品嘗香味和口感，寫下感想，甚至深入研究，參加威士忌檢定，這就完全是主動娛樂了。

符合奇克森特米海伊教授說的「提高專注力」「設定目標」「提升技術」這三個條件，就成為「主動娛樂」。我們平常茫然地打發時間的娛樂，如果能設定目標，再配合「輸出」，就能變成「主動娛樂」。

一樣是玩樂的時間，有人「成長」，有人「浪費」。1000小時、1萬小時累積下來，結果會是如何呢？

你的「玩樂」可以決定人生變得「幸福」還是「不

幸」。

👤 從今天開始讓你幸福的
五項最佳「飲食方法」

　　你吃過「湯咖哩」嗎？札幌首創的湯咖哩，現在已經是全日本流行的美食。那麼，你知道把湯咖哩推薦給世人的是誰嗎？大力推廣湯咖哩的人，就是樺澤紫苑我本人。這個內幕應該沒有多少人知道吧。

　　2004年期間，湯咖哩在札幌掀起最初的熱潮。當時還沒有美食部落格，美食的資訊來源都是靠「評價」，也就是只能直接聽別人說。在那樣的資訊環境下，當時把札幌的幾乎所有店家（大約200家）都吃過一遍，還在「札幌激辣咖哩評論」網頁上大力介紹的人，就是我。因為從來沒有湯咖哩的相關資訊，這個網頁是湯咖哩的唯一資訊來源，我的推薦贏得廣大迴響，最後造就了湯咖哩的熱潮。

　　當時在醫院的身心科服務的我，最令我放鬆的就是到處探尋好吃的湯咖哩店。一星期3、4次，大概每隔一天就要去吃一次湯咖哩。老實說，我還出過2本湯咖哩的書。

　　「飲食」讓我們享受生活的樂趣，給我們滋潤和喜悅。從自身的體驗，可以清楚知道，飲食讓我們感覺幸福（口

福）。

這就是「飲食」與「幸福」的關係。接下來我要跟大家介紹「幸福的飲食方法」。

只要1000日圓就能讓人幸福的祕訣

雖然我極力推廣「3行正能量日記」，但還是有人「1行都寫不出來」，說「整天都沒發生一件開心的事」。沒有開心的事，可以嘗試自己製造。

例如，中午找一家「午餐很好吃的店」大快朵頤。「哇，這家的咖哩真好吃啊」，感覺真的很幸福。如果這不叫「幸福」，什麼是幸福？

我說「飲食可以使人幸福」，也會有人說「沒有錢」，其實不必去什麼要花費幾萬的高級餐廳，午餐時間花個區區1000日圓，就可以吃到好吃的東西了。大排長龍的拉麵店，差不多800日圓吧。「哪家店好吃」，必須找一下資訊，但美食真的不用花大錢。

區區1000日圓就能幸福。真有這麼輕鬆就到手的幸福嗎？

我的「3行正能量日記」一定有1行是寫有關「飲食」的幸福：「午餐的咖哩真好吃」。

　　如果不能每天去，1星期1次或2次都好，吃一頓感覺「真好吃」的飯。這是最好的振作方式，也是為人生帶來喜悅和滋潤最好的時間。

　　儘管如此，很多人不把「飲食」當一回事，實在很遺憾。我猜他們「發現幸福的能力」大概很低吧。我們的周圍一定有「幸福」，只是沒有去探尋，所以看不見。

「飲食」鍛鍊「好奇心」「挑戰力」

　　你的公司附近100公尺以內，一定有一家「午餐好吃的店」。你的住家、最近車站100公尺以內，也一定有一家「好吃的店」。如果想不出來，也只是你不知道，沒去過而已。

　　假如公司或家附近有「好吃的店」，可以1星期去1次或是1個月去1次。只是這樣做，就能大幅提升每天的幸福度。

　　實際上，我每天的「外食午餐」是一天當中很重要的幸福時間。寫書期間，一天10小時密集地寫作，至少「午餐」得吃好一點，否則就會影響工作的動力和表現。

　　對「飲食」關心與不關心的人有什麼不同？差別在「好奇心」的有無。

　　「去新的店看看」這個行動，正是「走出舒適圈」，也

就是「挑戰」行為。

可能「好吃」，也可能「不好吃」。但是，好想知道是什麼樣的滋味。因為有好奇心，才會「想去吃吃看」！

「好奇心」旺盛的人，不只一個領域，他會想要嘗試各種領域。結果產生更多好奇心。

對「飲食」好奇心旺盛的人，「學習」的好奇心也旺盛。社會廣泛討論的書，他一定想「讀看看」。

我說過「好奇心是AI時代生存的重要關鍵字」。孕育好奇心，是在AI時代存活必要的訓練。最簡單的方法就是開發「美食」：「到公司附近新開的店嘗鮮」「回家途中順道去拉麵店」等。

「對新開的店、好吃的店完全沒興趣」的人，就是「走不出舒適圈」。不僅在「飲食」上，也會影響「學習」或「工作」。連「回家途中順道去拉麵店」都抗拒（害怕）的人，即使有承接新工作的機會，他也很可能會推辭：「自己無法勝任」。

每天的生活中，要時常重複「小挑戰」。「飲食」或「開發美食」就是門檻很低的訓練方式，我非常推薦。

不妨先到「公司」附近那家「一直想去看看的店」吃一頓午餐吧。

食欲失控者的共通條件 💪

另一方面，「食欲停不下來」「想節食卻吃得更多」「非正餐時間也想吃」「半夜莫名想吃零食」「煩惱無法控制自己的食欲」……這樣的人是不是特別多？

「食欲」跟多巴胺有關，「想吃！」的欲望來源，就是多巴胺。

我們對飲食與多巴胺分泌的關係進行調查，發現空腹的人吃第一口食物時，是多巴胺分泌量最大的時候，而進食的過程中，多巴胺的量會漸漸減少。

「第一口最好吃！」在腦科學的概念裡頭理論上是正確的。

大家已經知道「多巴胺需求會遞減」。第一口與之後的幾口，雖然吃的是同一個食物，同一分量，但「幸福度」很快就遞減了。

「食欲」也是容易失控的欲望之一。不能控制食欲的人，應該會有以下三種條件的某一項，或者全部符合。

(1) 睡眠不足

睡眠不足會導致食欲失控，容易發胖。根據蘇黎世大學的研究，睡眠5小時以下的人，比睡眠6至7小時的人發胖的

機率高4倍。

　　睡眠不足會增加促進食欲的荷爾蒙‧飢餓素，而抑制食欲的荷爾蒙——瘦蛋白會減少。體內荷爾蒙的變化相當於「食欲升高25%」。

　　倫敦大學的研究則發現睡眠6小時以下的人，「一天多攝取約385大卡」。這大約是慢跑30分鐘消耗的熱量。

　　睡眠6小時以下的人，食欲升高25%，非常容易發胖。所以想控制食欲、減肥的人，首先必須睡滿6小時以上。

（2）壓力大

　　所謂的「壓力肥」是指「因壓力而食欲增加」，相信大家都有體驗過。事實上，長期處於壓力狀態時，體內分泌的壓力荷爾蒙——皮質醇有促進食欲的作用。皮質醇常被使用於免疫抑制劑，服用的患者感覺「胃像是無底洞一般一直想吃東西」，有些人甚至1個月內發胖好幾公斤。

　　壓力使皮質醇分泌，食欲會停不下來。想控制食欲，就要控制壓力。把壓力盡可能減輕。

（3）運動不足

　　我說「請減輕壓力」，就有人要反駁「壓力來自職場的人際關係，沒辦法減」。但是，不必擔心。還是有辦法可以

減輕無法避免的壓力的，那就是「運動」。

30分鐘左右的有氧運動，運動中雖然皮質醇會上升，但運動後就會恢復到正常範圍。換句話說，運動可以重設皮質醇。

習慣做有氧運動的人，就算有壓力，也不太會分泌皮質醇。也就是抗壓性較高。

就算你在職場上承受著巨大壓力，下班後，傍晚或晚上，來一場30分鐘的有氧運動，就能有效減壓，食欲也控制下來。相反地，運動不足會讓壓力越積越多，食欲就很容易失控。

防止食欲失控

睡眠不足、運動不足、壓力大，全都是缺乏血清素幸福的狀態。血清素可以抑制多巴胺，防止多巴胺失控。

「無法抑制食欲」的人，就是失去血清素的抑制功能。這表示「健康」亮起黃燈，是一種「警告」症狀。

要加強血清素的抑制功能，「晨間散步」相當有效。

好好地睡眠、運動，再加上晨間散步，調整心靈和身體，血清素幸福滿足了，失控的「食欲」也會收斂下來。最重要的是，要有血清素幸福做為根基，培養好睡眠、運動、

晨間散步的生活習慣。

多巴胺式需求是容易遞減的，但若與催產素（人和、感謝）相乘，就不會遞減，能夠保持下去。最簡單的方法就是——靠「飲食」得到幸福。本書的最後就要告訴大家，與我們每個人息息相關、每個人都能夠實踐的方法。請務必應用在生活中。

> **幸福規則 1　對食物與人都心存感謝**

「我要開動了」「感謝招待」是日本人飯前飯後都會說的話，這兩句話到底是對著誰說呢？

對食材的感謝、對烹煮人的感謝、對眼前這份餐點的所有相關者感謝、對現在一起共餐的家人或朋友感謝、對自己能夠享用這份餐點而感謝、對神明感謝。對所有人的感謝凝聚在「我要開動了」和「感謝招待」這兩句話。

帶著感恩的心，說出「我要開動了」和「感謝招待」非常重要。

英文中沒有相當於這兩句話的表達。但是，美國電影中經常看到用餐前對上帝「感謝」的祈禱。美國人也是先感謝食物和上帝之後，才開始用餐。

「好吃！」是多巴胺幸福，容易遞減。

但是，懷著「感謝」的心用餐，從第一口到最後一口都會非常美味。

話說回來，「媽媽的味道」為什麼總是吃不膩？

媽媽煮的菜——例如咖哩飯。跟餐廳的咖哩比起來，味道純樸許多，但真的很好吃。回老家的時候，媽媽都會為我煮咖哩。雖然已經吃過好幾百次，但就是吃不膩，這是為什麼呢？

那是因為心裡對母親的感謝。只要懷有感謝的心，吃幾百次都還是一樣「好吃」。我覺得這是很棒的感覺。

> 幸福
> 規則 2　　「去吃飯」變成「去見面」

有人說常常去同一家店的饕客們，「不是去吃好吃的東西，而是去找店裡的人」。

講究美食的人都有「經常光顧的店」，他們為什麼會去那麼多次？當然是為了吃美食，還有去找主廚、老闆、老闆娘、店長、服務生、侍酒師、調酒師等。

「味道」的魅力當然不在話下，而「人」的魅力也是讓人想經常光顧的原因。

這又是「多巴胺×催產素」的搭檔了。

如果只單純因為「菜餚」，由於多巴胺幸福的遞減效果，遲早會吃膩。至少比不過「第一次吃到的感動」。但是，還是想再去的原因，就是有「人」的魅力。想吃「那個人做的菜」、接受「那個人的服務」。

換句話說，以「食物」做為媒介，享受與「人」的交流。這才是真正饕客的享受方式。

變成常客，加深與店家人員的人際關係。這時，「店的味道」轉化成「存在的幸福（BE的幸福）」。這就不是多巴胺幸福，而是催產素幸福，不會遞減、變質。所以無論去幾次，都是美好的體驗，「好吃」「享受」「放鬆」。

另外我想提醒大家，離開店的時候，對店裡的人表達感謝：「今天的菜很好吃」「今天非常開心」。對料理人和店員來說，這是最好的「獎勵」，料理人與食客之間的交流，是最好的互動。吃的人「下次還要再來！」，做的人「下次要做得更好吃！」，雙方都會振奮。

結果，「美食」無論吃幾次都好吃，甚至比上次更好吃。

> **幸福規則 3** 　細嚼慢嚥──「飲食的正念」

　　物欲有了正念，就能防止幸福感遞減，幸福度、滿足度都能持續提升，食欲賦予正念，就能夠防止「食欲失控」、來自食欲的多巴胺幸福失控。

　　簡單說，就是要專注於「現在這一口」。很多人專程去了「好吃的店」，卻不好好品嘗，大口大口地、狼吞虎嚥地吃，實在非常可惜。擦亮視覺、嗅覺、味覺，欣賞擺盤的美感、享受菜餚的香味、之後再仔細品嘗一口，慢慢地咀嚼滋味。這麼做，同樣一道菜，滿足度會升到極致。

　　不過，要專注「現在這一口」並不簡單，鍛鍊食欲的正念有4個方法。

（1）葡萄乾一顆吃5分鐘

　　訓練食欲正念，最簡單的方法就是花5分鐘吃一顆葡萄乾的練習。

　　平時不到10秒鐘就吃掉的葡萄乾，在舌上翻動，慢慢地、細細地品嘗、咀嚼。你會發現口中的葡萄乾滋味漸漸變化，一開始只是單純很甜，變成葡萄特有的水果甘甜。5分鐘很長，最後在口中嚼得不具形體再吞下。一顆葡萄乾竟有

這麼多滋味。

沒有葡萄乾，也可以改成「一口飯咀嚼100次」。第一口很好吃，嚼著嚼著越來越甘甜，還有第一口吃不出來的滋味。在舌上翻動，隨著舌頭各個部位不同的味覺，你會發現一口飯有各種甜味和美味。

我們較常聽到「一口飯嚼30次」，嚼30次就已經很難了。但是試著「嚼100次」，就能體會到「細嚼慢嚥更好吃」的道理。而且增加咀嚼次數也有益健康。

（2）每吃一口就放下筷子

我本來吃飯的速度很快，常常咀嚼沒幾次就吞下肚。後來我聽說「不妨每吃一口就放下筷子」，便照著做做看，吃飯的速度慢下來，也開始一口一口仔細地咀嚼了。

手中拿著筷子，就會一直往嘴裡送食物，養成「快吃」的壞習慣。「快吃」是肥胖的原因，因為在產生「飽足感」之前，已經吃了大量食物，而且短時間裡吃很多，會造成血糖飆升，胰島素的分泌也會增多。

每吃一口就放下筷子，就可以「一口嚼30次」。一餐飯花15分鐘慢慢吃，還可以幫助減肥，有益健康。

(3) 以輸出為前提

要在部落格發表美食貼文，舉凡擺盤、香氣、口感滋味、使用什麼食材、烹調法、調味，必須一一仔細觀察，才能寫成一篇文章。

如果吃一份咖哩可以寫一篇1200字的文章，那真的是品嘗出各種細節了。以「寫1200字」為前提吃一份咖哩，可得擦亮觀察力，專注品嘗「現在這一口」才行。

我在網路上分享湯咖哩時，也是專注於「現在這一口」，傾注觀察力，走遍200多家湯咖哩餐廳。然後把我的心得全部寫成文章。這個經驗，造就了我現在的觀察力和寫作力。

(4) 寫品嘗筆記

喝一杯威士忌或一杯葡萄酒，寫下品嘗筆記。這也是「飲食」與「輸出」的搭檔，有非常好的效果。花30分鐘細細品嘗一杯威士忌，把香氣、口感的變化，寫成文章。一開始可能只能寫幾行字，但是想到一杯威士忌要寫400字，就會逼自己一定要很專注，好好品嘗「現在這一口」。

> **幸福規則 4** 與重要的人共餐

我也曾經吃遍米其林星級餐廳或很難預約的餐廳，但美食吃多了，雖然不至於「吃膩」，卻漸漸感覺「也不過如此」。現在回想起來，這是「多巴胺幸福的遞減」。對這一家又一家餐廳的「感激」越來越淡薄。

現在我還是會去那些餐廳，不過重要的不是選「去哪家？」，而是「跟誰去？」「米其林星級餐廳」「難預約的餐廳」「雜誌報導受好評的餐廳」都是「去哪家？」的選擇，考慮的只是單純的「好吃」與「不好吃」而已。

然而，考慮「跟誰去？」其實比「去哪家？」重要。

同一家店，與「重要的人」「親密的朋友」「志同道合的夥伴」一起去，享受的絕對是「更愉快」「更幸福」的時光。

我們都討厭難吃的店，只要還算好吃的店，「好吃」×「與朋友一起的幸福」，也就是「多巴胺幸福×催產素幸福」，就會是非常美好的體驗。

將「想吃更好吃的美食」轉變成「跟那個人一起吃的幸福」，「飲食的喜悅」會擴大好幾倍。

自己選擇店家也很開心，不過「跟重要的人」去他熟悉

的店，會是更大的愉悅。「新開的店」是走出舒適圈的選擇，「熟悉的店」則是這個人的「舒適圈」。如果對方願意帶你去「他熟悉的店」，表示你被邀請進入他的舒適圈。等同於進入對方的個人領域（＝私領域），這也是一種「自我開示」。先前說明過自我開示的定律，透過反覆地自我開示，提升人與人的親密度。

　　互相帶朋友去「自己熟悉的店」，反覆地交流，是「拉近彼此距離」的捷徑，也增加「用餐時間的幸福感」。

> **幸福規則 5**　**全心全意地享受每一餐**

　　今天午餐要去哪裡吃？下個禮拜一要跟A聚餐，訂哪家餐廳比較好？我都會很認真考慮。

　　到最符合現在心情、食欲的餐廳，才能吃到「最美味的午餐」。當想吃蕎麥麵的時候，反而去吃漢堡，就算那家餐廳的漢堡極度美味，它的價值、你心中的「感激」還是會有所減損。雖說是區區一頓午餐，「一天吃一次好吃的」能大大提升一天的幸福度。

　　工作再忙，也至少騰出一點「午餐時間」，若是能夠自己選擇，我要選最好的餐點。吃頓好的，把一上午的疲勞都

消除，也提高下午的動力。

　　有人只求「填飽肚子，隨便」，日子久了，就變成「隨便的人生」。每天最後的正能量日記，我都會寫上「今天的午餐非常好吃」，這確實能提高人生的幸福度。

　　與其他人聚餐時，我會考慮目的或對方的喜好，選擇最完善的餐廳。一起度過最美好的時光，與對方的關係也更密切。

　　雖然只是區區一餐，為此投注巨大的能量使我感到喜悅。這就是所謂的「全心全意享受一餐」。

　　有些商業書籍教人「不要浪費能量，意志力不該用在無謂的事情上，午餐到附近的餐廳點一份今日套餐就好了」，比起保留意志力，選擇「平凡的午餐」，我寧願吃一頓「極致的午餐」，讓下午的工作更有勁。

　　「飲食」是多巴胺的來源。

　　「吃美食」就能促進動力物質・多巴胺的分泌。「保留意志力」不如「大幅提升動力」，對工作更有利。

　　全心全意地享受每一餐。雖然它只是一頓飯，但它終究滿足了我們。我們一天要吃三餐，如果能夠每一餐都提升「滿足度」「幸福度」，那麼我肯定，一天結束的時候，「滿足度」和「幸福度」都會是最高的。

　　雖然以「極致的午餐」來形容，但其實一頓飯只要花個

1000日圓就能吃到了。換句話說，讓每個人都即刻立馬獲得
CP值極高「幸福」的方法，那就是「全心全意地享受每一
餐」。對飲食講究，就能藉由飲食得到幸福。

最後 # 幸福的你，幸福的世間

　　綜合以上內容，我已經詳細說明了「得到幸福的方法」。

　　非常感謝大家讀到最後。

　　這本書比我原先構想得要厚，忽然就變成這麼大一本了。可能有人覺得內容太多，不知道從哪邊開始讀起，最後在這裡，我再為大家總結一次「得到幸福的路徑」。

　　如果全部從頭再讀太辛苦，現在要總結的部分，請大家一年拿出來讀一次，回想一下內容。

這一段再讀一次，你就能幸福

　　首先要意識到「健康」（血清素幸福）及「人和」（催產素幸福），是鞏固幸福的基盤。請調整好心靈與身體，還有人際關係。

　　基礎穩固了，再追求多巴胺幸福。工作上要努力，學習新知，自我成長，走出舒適圈。

如此，你就完成了血清素幸福、催產素幸福、多巴胺幸福的小三角形（三層次）。

那是你學會感知「小確幸」「零星的幸福」濃縮而成的核心精華。

「幸福的狀態」在你的大腦施展「狂戰士」（能力升級）魔法，藉著睡眠、運動、晨間散步，使腦力（能力）全開。你將會得到血清素、催產素、多巴胺三種幸福物質一起發揮的效果。

這些效果是提高專注力、工作的生產力、心平氣和、人際關係改善。親切和感謝的行為，獲得他人的信賴。

你的能力會升高好幾倍。

「幸福不是結果而是過程」，幸福的人獲得三種幸福，腦力（能力）會大大提升，任何事都會一帆風順。

然而許多人剛好相反。

在「辛苦」「痛苦」的狀態下工作，腦內有壓力荷爾蒙作祟，提不起勁，又失誤連連。還有睡眠不足、運動不足、精神上的孤立。結果你只能擁有原本能力的一半。

在身心俱疲的狀態下工作，怎麼可能會順利，造成失誤被指責也很正常。無法獨自完成工作，被同事排擠，人際關係也一塌糊塗。

但是，就算是這樣，也不是因為你的資質或技能出了問

題。

　　問題在於你追求幸福的順序錯誤了，一開始就先追求多巴胺幸福的關係。

　　又或者是，一開始就想要得到大的幸福（大三角形），讓三種幸福失去了平衡。心靈、身體、人際關係、生活、工作，全部零零散散。

　　無論如何，一開始先做出牢固的「小三角形」。當你能夠回顧「今天一天好開心啊」，你的「小三角形」就形成了。

　　幸福並不是遙不可及。

　　這樣的「小確幸」，每個人都可以短期內得到。例如，每天寫正能量日記或感謝日記，一個星期就到手了。

你的幸福與世間的幸福是連在一起的

　　關於心靈與身體的健康，我在《延長健康壽命的腦心理強化大全》中有詳細的解說。而有關改善人和、人際關係減輕壓力的方法，我寫了《零壓力終極大全》。要發揮自己的能力，提升技能以完成工作，也有《最高學以致用法》及《最高學習法》兩本書。

　　過去我寫不同的書，個別說明「健康」「人和」「成

功」三個要素，本書則是以「幸福」這個關鍵字，將「三種幸福」合而為一。

「幸福的三層次」是非常簡單的印象。

相信你已經明白「幸福是什麼」了。

這本《自造幸福》對我來說，是從事身心科醫師以來的集大成。

以我30年的身心科醫師經驗，讀過數千本書籍、執筆33本書的經驗，還有1000多名社群成員的心聲，全部濃縮在這本《自造幸福》裡。

教人得到幸福的書有很多，像這樣介紹具體、以實踐角度、作者親身實驗、參加者真實反饋的書，就我所知還不曾有過。

請大家務必實踐本書的內容。正過著「痛苦人生」的人，我希望他變成能「愉快度過人生」的人。心靈和身體都獲得健康，不再生病，享受與心愛的家人、親近的夥伴共度的時光。還能積極努力工作，獲得財富和成功。這些是任何人都可以實現的。

如果能有許多人實踐本書的內容，世上一定充滿「感謝」和「親切」。

充滿「感謝」和「親切」的社會，心理疾病或自殺率就會比現在少很多。對以「減少人們的心理疾病及自殺率」為

志業的我來說，將會是最大的喜悅。

　　首先，你會成為得到充滿健康、感謝和親切的「幸福」第一人。

國家圖書館出版品預行編目（CIP）資料

自造幸福：暢銷身心科醫師作家，教你三步驟具體實現身心健
康、關係和諧、財富成功的最佳人生 / 樺澤紫苑著；蔡昭儀譯.
-- 初版. -- 臺北市：今周刊出版社股份有限公司, 2023.02
　　面；14.8×21公分
ISBN 978-626-7266-04-5（平裝）

1. CST: 幸福　2. CST: 腦部　3. CST: 神經生理學

398.2　　　　　　　　　　　　　　　　　　　111021781

Wide 008

自造幸福

暢銷身心科醫師作家，教你三步驟具體實現身心健康、關係和諧、
財富成功的最佳人生

作　　　者　樺澤紫苑
譯　　　者　蔡昭儀

總 編 輯　許訓彰
責任編輯　陳家敏
封面設計　張　巖
內文排版　家思編輯排版工作室
校　　對　蔡緯蓉、許訓彰

行銷經理　胡弘一
企畫主任　朱安棋
行銷企畫　林律涵、林苡蓁
印　　務　詹夏深

發 行 人　梁永煌
社　　長　謝春滿

出 版 者　今周刊出版社股份有限公司
地　　址　台北市中山區南京東路一段96號8樓
電　　話　886-2-2581-6196
傳　　真　886-2-2531-6438
讀者專線　886-2-2581-6196轉1
劃撥帳號　19865054
戶　　名　今周刊出版社股份有限公司
網　　址　http://www.businesstoday.com.tw

總 經 銷　大和書報股份有限公司
製版印刷　緯峰印刷股份有限公司
初版一刷　2023年2月
定　　價　420 元